PRÉCIS ANALYTIQUE

DE

L'HISTOIRE NATURELLE

DES

MOLLUSQUES

TERRESTRES ET FLUVIATILES

QUI VIVENT DANS LE

BASSIN SOUS-PYRÉNÉEN;

PAR

M. J.-B. NOULET,

DOCTEUR EN MÉDECINE, PROFESSEUR DE CULTURE AU JARDIN DES PLANTES
DE TOULOUSE.

TOULOUSE,

J.-B. PAYA, LIBRAIRE-ÉDITEUR,

RUE CROIX-BARAGNON, HÔTEL DE CASTELLANE.

M DCCC XXXIV.

S

PRÉCIS ANALYTIQUE

DE L'HISTOIRE NATURELLE

DES MOLLUSQUES

DU

BASSIN SOUS-PYRÉNÉEN.

IMPRIMERIE D'AUGUSTIN MANAVIT,
rue Saint-Rome.

PRÉCIS ANALYTIQUE

DE

L'HISTOIRE NATURELLE

DES

MOLLUSQUES

TERRESTRES ET FLUVIATILES

QUI VIVENT DANS LE

BASSIN SOUS-PYRÉNÉEN;

PAR

M. J.-B. NOULET,

DOCTEUR EN MÉDECINE , PROFESSEUR DE CULTURE AU JARDIN-DES-PLANTES
DE TOULOUSE.

. TOULOUSE,

J.-B. PAYA, LIBRAIRE-ÉDITEUR,

RUE CROIX-BARAGNON, HÔTEL DE CASTELLANE.

M DCCC XXXIV.

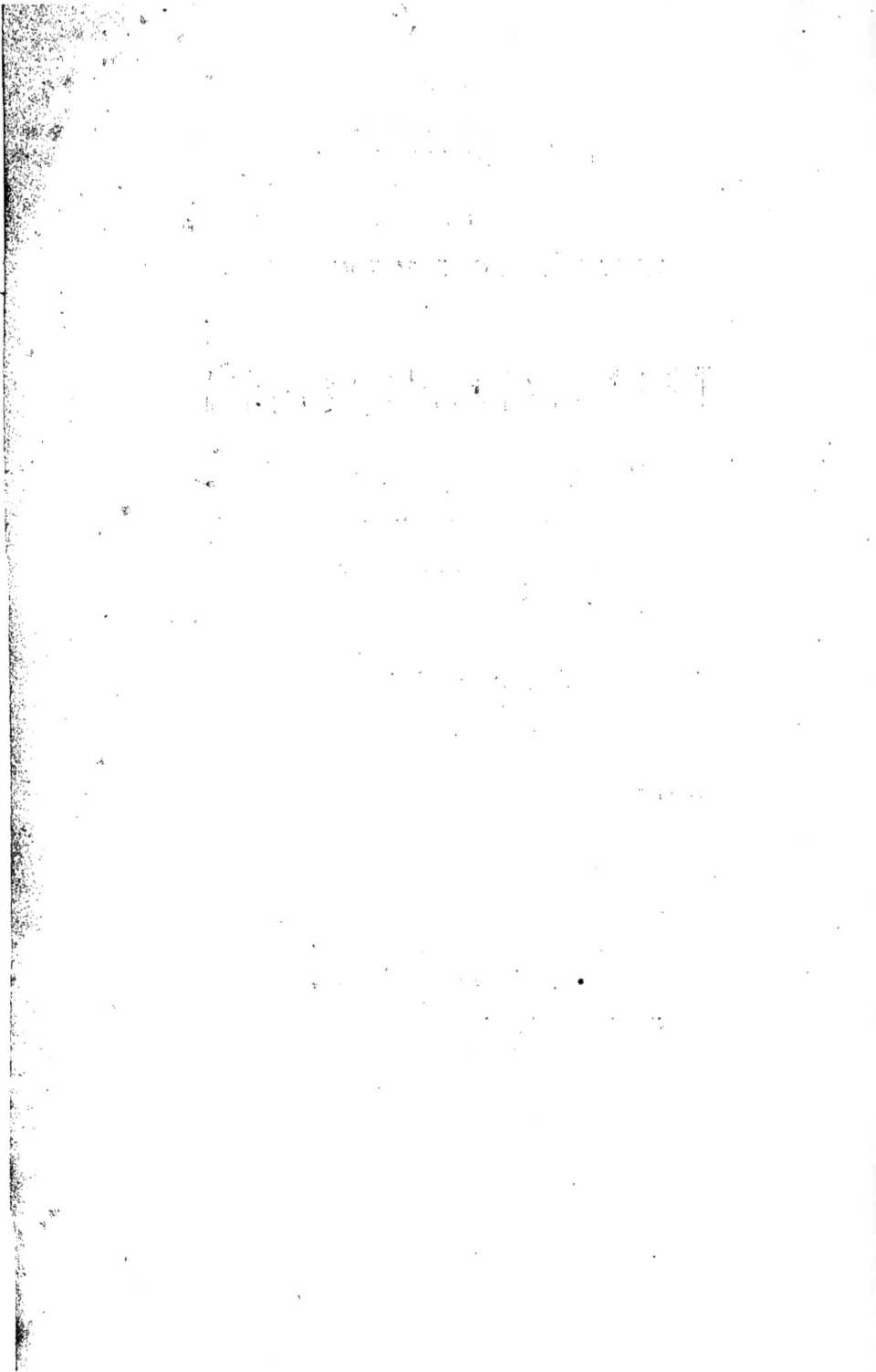

PRÉFACE.

L'ÉTUDE du *bassin sous-pyrénéen* [1], au centre
duquel est placée Toulouse, m'occupe depuis plusieurs années. Je me propose de faire connaître
successivement toutes les productions naturelles
de cette contrée, que les savans ont de tout
temps dédaignée. On dirait que, toujours occu-
pés de la vaste chaîne de montagnes qui, d'un
côté, lui donne des limites, ils ont eu hâte de
quitter nos riches plaines pour aller gravir les
rochers escarpés des Pyrénées.

Je commence par l'*Histoire des Mollusques*
qui vivent dans ce grand espace. Aucun travail
de ce genre n'a été encore entrepris; le premier,
ici, j'ai recherché ces animaux si dignes de fixer
l'attention du naturaliste.

On a pensé que plusieurs coquilles étaient

---

[1] J'ai désigné sous ce nom tout le pays qui, du pied des Pyrénées et
de la Montagne-Noire, s'étend jusque dans les départemens du Lot
et de Lot-et-Garonne, et du bassin des Landes jusques aux collines
du Tarn.

Bientôt je publierai sa *Géognosie*, si riche en faits nouveaux. La
Flore du bassin sous-pyrénéen est sous-presse.

a fait choix, et à les distinguer les uns des autres par des caractères tellement exacts, que le lecteur ne puisse les méconnaître.

Quant à l'ordre à suivre dans leur distribution, on doit les grouper, en ayant égard à leurs affinités naturelles. Dans l'état actuel de la science, on rattache ainsi ses propres recherches à celles des savans qui ont embrassé l'ensemble de l'étude de ces mêmes êtres. La classification dont j'ai fait usage me paraît philosophique. Les divers ordres y sont disposés de manière à passer sans transition brusque, de l'un à l'autre. Ainsi, parmi les *Gastéropodes*, on arrive des *pulmonés aquatiques* à ceux qui respirent aussi l'air en nature, mais qui rampent à la surface de la terre. Le genre *Cyclostome*, qui termine cette seconde division, présente la cavité respiratoire, modifiée de telle sorte, qu'il se trouve placé comme intermédiaires, entre les *Escargots* et les *Paludines*, qui ouvrent à leur tour l'ordre des Mollusques pourvus de véritables branchies.

Il sera facile, en parcourant cet opuscule, de rendre à chaque savant ce que je lui ai emprunté pour établir les différens groupes que j'ai adoptés. J'ai toujours eu le soin de citer les sources auxquelles j'avais puisé; jamais je ne me suis permis

de déguiser le moindre larcin sous une dénomination nouvelle. J'estime que cette manière
de cacher souvent la stérilité de pensées est
très-préjudiciables aux progrès des sciences.
Ainsi embarrassées par une effrayante synonymie, il est vrai de dire que l'étude des noms est
aujourd'hui plus difficile que la chose elle-même.

On comprendra d'ailleurs que dans un *species*
restreint, comme celui-ci, à une seule localité,
il eût été oiseux de chercher à établir des groupes nouveaux ou à réformer ceux qui existent
déjà ; il faut laisser ce soin aux ouvrages généraux et aux monographies. Ce que j'avais à faire,
c'était de choisir dans les excellens écrits que
nous possédons nombreux, sur cette matière, les
divisions qui me paraissaient les plus naturelles.
C'est ce que j'ai essayé de mettre en pratique.
Les ouvrages de Cuvier, de MM. de Blainville,
de Lamark, de Férussac, Rang, ont été fréquemment mis à profit.

Le cadre général qui sert de base au *Précis
de l'Histoire de nos Mollusques*, ce résultat
de si nombreux emprunts avoués, se présente
néanmoins avec des caractères qui le rendent
ce me semble, plus rationnel que ceux adoptés
jusqu'à présent dans les livres consacrés aux
seuls Mollusques terrestres et fluviatiles.

Pour les espèces, Muller surtout m'a été
d'un grand secours, et après lui, Draparnaud
pour celles qui lui sont particulières.

Mais toutes les modifications organiques n'ont
pas la même valeur; quelques-unes sont constantes et transmissibles par la voie de la géné-
ration ou ne subissent que de légers change-
mens pour revenir au typé primitif, tandis
que d'autres s'effacent ou se modifient sensiblement sous l'empire de quelques accidens et
se présentent à l'observateur avec un caractère
d'inconstance manifeste. Si les botanistes s'ac-
cordent sur ce point fondamental; les conchyliologistes ne paraissent pas avoir profité de
ce précieux exemple; ils font encore aujourd'hui
un fréquent usage des variations de couleurs
offertes par les coquilles, en leur accordant une
importance égale aux variations de forme. Aussi
l'emploi de ces caractères fondés sur des modifications accidentelles a-t-il fait admettre une
foule de simples variétés au rang d'espèces. J'ai
pris le soin, en faisant usage des uns et des
autres, de les séparer, afin de ne leur accorder
que la valeur qu'ils méritent.

Dans la construction des phrases caracté-
ristiques, je me suis appliqué à les rendre
comparatives entr'elles, seul moyen de forcer,

en quelque sorte, l'esprit à faire choix de
celle qui se rapporte à l'individu que l'on veut
étudier. Pour leur longueur, elles s'écartent
sans doute du caractère aphoristique, sans
mériter pourtant le reproche d'être verbeuses.

Enfin, j'ai revu avec soin la synonymie de
chaque espèce; je ne cite que les auteurs que
j'ai pu consulter; on trouve la plupart de leurs
ouvrages dans nos bibliothèques publiques.

Si la méthode qui tend à grouper les êtres est
préférable dans leur arrangement, elle présente
souvent des difficultés insurmontables quand on
l'applique à leur détermination; aussi, les parti-
sans les plus chauds de la méthode naturelle,
reconnaissent-ils qu'un cadre artificiel convient
mieux pour parvenir d'une manière prompte et
sûre à trouver le nom des êtres que nous ne con-
naissons pas encore. Convaincu de l'avantage que
peut offrir l'alliance des deux méthodes, j'ai tenté
d'appliquer à la classification systématique des
Mollusques les principes du tableau dichotomique
que MM. de Lamarck et Decandolle ont si heureu-
sement fait servir aux progrès de la botanique.
J'ai tiré les caractères de la coquille; les plus
simples notions organographiques suffisent pour
reconnaître en un instant, le genre du premier Mollusque qui tombe sous la main.

Je me suis borné à appliquer cette méthode
à la détermination des genres. Je pense qu'un
trait, ou qu'un petit nombre de traits ne sau-
raient suffire pour différentier sûrement des
espèces souvent si voisines entre elles, qu'il faut
toute l'exactitude des détails d'une longue description pour faire ressortir les modifications
qui les distinguent.

Les quelques lignes placées en avant du *tableau
analytique* expliqueront suffisamment la manière
de s'en servir.

Un dictionnaire contenant la plupart des
mots techniques employés dans ce petit écrit,
termine ce travail. Il facilitera les recherches à
ceux qui manquant d'habitude n'ont pas de
maître pour les diriger.

Si cet opuscule, fruit de plusieurs années de
recherches, parvient à répandre parmi mes com-
patriotes le goût si négligé des études *malaco-
logiques*, s'il rend plus facile la connaissance
de nos Mollusques indigènes, il aura atteint
le but que je me suis proposé en le publiant.

INTRODUCTION.

Dans un ouvrage méthodique et descriptif où l'on ne recherche que les traits saillans, ceux qui composent plutôt la physionomie que le portrait étudié des êtres, on ne peut, sans crainte d'embarrasser l'esprit, s'attacher à donner des idées générales ou détaillées sur leur organisation ; on ne va pas si avant dans leur étude ; on se contente de glisser sur leur superficie.

C'est que le but réel d'un tel travail est de faire arriver sûrement à la distinction des êtres comme espèces, à l'aide de bons signalemens, et non de dévoiler leur structure intime et le jeu de leurs organes. La tâche de l'anatomiste et du physiologiste commence là où s'arrêtent les efforts du nomenclateur.

Il m'a donc semblé que, pour attacher un véritable intérêt à l'étude de nos Mollusques, il serait utile d'exposer, en peu de mots, dans un chapitre séparé, ce que l'on sait de plus positif sur leur organisation.

Les *Mollusques* forment dans la longue série animale, un groupe à part, un type distinct qu'Aristote avait entrevu, et que Cuvier a fait ressortir, en séparant des *Vers* ces animaux qui leur avaient été depuis long-temps réunis.

La forme très-variée des Mollusques, leur organisme plus ou moins compliqué, les a fait diviser en plusieurs classes. Nous n'avons à nous occuper ici que de ceux auxquels on a donné le nom de *Gastéro-*

podes, parce qu'ils rampent sur un disque charnu placé au-dessous de la cavité ventrale, et des *Acéphales*, ainsi nommés, parce qu'ils manquent d'une véritable tête.

L'appareil nerveux des Mollusques se compose d'une série de renflemens, dont un principal, qui semble résulter de la réunion de deux ganglions, est placé au-dessus de la portion supérieure du canal alimentaire. Chacun des autres est affecté à un sens particulier, ou aux organes de la vie intérieure; mais ces divers centres sont toujours liés par des communications directes avec la masse cérébrale.

L'appareil digestif des Mollusques est des plus simples. Dans les *Gastéropodes*, une bouche armée de dents cornées, ou prolongée en trompe et sans dents, conduit à l'œsophage, qui se continue jusqu'à un léger renflement constituant l'estomac; de là part l'intestin pour venir se terminer, sans circonvolutions, à l'ouverture anale, constamment placée à côté de l'orifice de la cavité respiratoire.

Le foie, entourant toujours en partie l'estomac, finit par occuper l'extrémité du tortillon ou de la partie postérieure du corps. Il a l'aspect d'une grappe de raisin, à cause des globules qui le composent. soutenus chacun par un pédoncule formé de plusieurs vaisseaux dont quelques-uns conduisent, après s'être réunis, la bile dans l'estomac. Il est facile d'apercevoir leurs orifices distincts à l'intérieur de cette poche.

Chez les *Acéphales*, le même appareil présente cette modification, que la cavité stomacale semble s'être développée aux dépens du foie, au milieu duquel elle est placée. La bile y coule par des pores visibles.

Vivant à la surface du sol ou dans les eaux, les Mollusques offrent des organes respiratoires modifiés de telle sorte, qu'ils puissent prendre dans les milieux qu'ils habitent, l'air nécessaire à l'entretien de leur vie. De véritables poumons sont distribués aux Mollusques terrestres, les aquatiques sont pourvus de branchies. Néanmoins un ordre, les *Gastéropodes pulmonés*, offre une singulière anomalie : il comprend des animaux vivant dans l'eau pourvus d'un poumon ; aussi, sont-ils contraints de venir, de temps en temps, respirer l'air, en nature, à la surface du liquide.

Le poumon des Mollusques répond à une des nombreuses cellules pulmonaires des animaux d'ordre plus élevé. Cet organe est donc chez eux réduit à sa plus simple expression. On voit, en effet, un réseau vasculaire tapissant cette petite cavité, sans compartiment, placée à la partie supérieure du Mollusque. Elle communique à l'extérieur par une ouverture que l'animal dilate et contracte à volonté ou qu'il ferme complétement.

Le réseau vasculaire, ce lassis de petits vaisseaux, devient plus saillant chez les proboscidiformes ou *pulmonés operculés terrestres*, et finit dans les *operculés aquatiques*, par revêtir tous les caractères des branchies : c'est ainsi qu'on nomme de très-petites lames entre lesquelles le liquide battu doit abandonner la portion peu considérable d'air qu'il récèle, pour le livrer au jeu de ces organes.

Il est facile de comprendre, d'après ce peu de mots, que des nuances insensibles conduisent de la cellule pulmonaire à l'appareil branchial bien caractérisé.

Les branchies de nos *Acéphales*, si semblables aux mêmes organes dans les poissons, sont placées entre le manteau et le corps, une paire de chaque côté. Ce sont des lames minces, demi-circulaires, striées du centre vers la circonférence et parcourues par une quantité innombrable de petits vaisseaux, fréquemment anastomosés entr'eux.

La circulation est double. Le plus souvent le cœur est uni-latéral, et placé au-dessus du canal intestinal. Un cercle de veines apporte le fluide de toutes les parties du corps aux organes respiratoires, où après avoir revêtu le caractère de sang artériel, il est repris par un système particulier qui distribue dans tout le corps, le fluide nourricier.

Le sang est blanc avec une légère teinte bleuâtre.

Les deux sexes sont réunis ou séparés sur le même individu. Parmi les *Gastéropodes* on rencontre des animaux qui présentent ces deux modifications. Les *Pulmonés inoperculés* sont hermaphrodites, mais ils ne peuvent se féconder sans un double accouplement. Les orifices des cavités où sont logés les sexes, sont distans. L'organe mâle, toujours allongé et de forme un peu variable, est placé au-dessous de la cavité des œufs. Quelquefois ils sont en outre munis d'un organe excitateur qui a reçu le nom de *dard*; il est très-apparent chez les *Pulmonés inoperculés terrestres*.

Lorsque les organes générateurs sont distincts sur

des individus séparés, ils occupent une place à l'entrée
de la cavité respiratoire, ainsi que cela a lieu dans
les *Gastéropodes operculés, terrestres* et *aquatiques.*

Les instrumens organiques qui mettent les Mollusques en rapport avec les objets extérieurs, ne sont
pas également distribués dans tous les groupes. Il
y a, sans doute, bien loin de l'organisation de la
Poulpe à celle de l'*Huître*, dont la vie presque entièrement passive est passée en proverbe. L'appareil
sensitif externe varie donc infiniment.

Dans les *Gastéropodes*, la portion amincie et lisse
de la peau qui recouvre la partie du corps fixé dans
une coquille, ne paraît nullement jouir du sens du
toucher, qui réside essentiellement dans le repli
saillant qui constitue le collier et qui se continue
tuberculeux, mais moins épais, sur le cou, sur la
tête, et sur la partie supérieure du pied. Ce derme,
doué de beaucoup de sensibilité, recouvre le corps
entier des *Gastéropodes nus.*

On a placé l'organe du goût à la partie inférieure
de la bouche des *Gastéropodes*, munie en cet endroit
d'un petit renflement charnu; mais l'existence de cet
appendice lingual n'est pas constante. On ignore quel
point de la bouche est affecté à ce sens chez les
Acéphales.

Le siége de l'odorat n'est point encore suffisamment déterminé; et il n'est pas prouvé, ainsi que
M. de Blainville le pense, que les tentacules, non
oculés à leur sommet, soient les organes de l'ol-
faction.

Nos *Gastéropodes* présentent l'appareil de la vision
bien manifeste. Les yeux sont néanmoins placés

diversement. Portés à l'extrémité des tentacules supérieurs et rétractiles chez eux qui vivent à la surface
du sol, on les voit situés à la base des tentacules
triangulaires, et seulement contractiles des aquatiques.

Ce sens manque aux *Mollusques acéphales.*

Enfin, c'est à l'aide de véritables muscles qui pren-
nent leur point d'appui sur la coquille ou sur les
parties plus solides de la peau, que les *Mollusques*
exécutent des mouvemens. Le pied des *Gastéropodes*
et celui des *Acéphales*, laisse facilement apercevoir les divers plans musculaires qui font varier
les contractions de cette partie.

Les *Mollusques* se présentent tantôt nus, tantôt
recouverts, en tout ou en partie, par un corps protecteur qu'on nomme *coquille*, qui est un véritable
produit de la peau. Il arrive quelquefois que ce corps
solide reste entièrement caché dans l'épaisseur même
du derme, mais le plus souvent c'est au-dessus de
cet organe qu'il est déposé. Des couches minces se
recouvrant en dedans, de telle sorte que la première
formée est extérieure et supérieure à toutes les autres;
tel est l'ordre que suit le développement des *Coquilles
bivalves.* Les zones rugueuses que présente la surface
extérieure des *Mulettes* le font aisément comprendre.
Dans les *coquilles univalves* on aperçoit des lames de
substance muqueuse ou gélatineuse d'abord, s'en-
croûter ensuite de substance calcaire, et augmenter
ainsi successivement les dimensions de la coquille.

Les coquilles terrestres et d'eau douce de nos contrées, sont rarement remarquables par la beauté de
leurs teintes, qui ne varient guère que du blanc, plus
ou moins pur, et du jaune, au bistre et au noir.

Ces nuances, quelquefois répandues sur la même coquille, sont dues à des conditions particulières du manteau. Nous devons à Réaumur cette curieuse observation, que chaque ligne noire du têt de l'*Hélice némorale*, répond à un point de la même couleur placé sur le bord du collier, et qui est l'orifice d'un organe secréteur particulier.

Le plus souvent une couche épidermique recouvre les coquilles, et offre, dans des cas rares, de petits prolongemens filiformes auxquels on a donné le nom de *poils*.

Quant aux coquilles développées dans l'intérieur de la peau, elles sont constamment de couleur blanche, aplaties, très-légèrement concaves, présentant quelquefois un rudiment de spire ; souvent, à la place de ce têt rudimentaire, on ne rencontre que quelques petites granulations arénacées, distinctes entr'elles.

Les *Mollusques terrestres* ont des mœurs à peu près uniformes. Si quelques-uns recherchent les lieux secs et arides, exposés au soleil, la plupart aiment les localités humides et ombragées ; d'autres se tiennent constamment le long des eaux.

On trouve des *Mollusques* dans les rivières, mais ils choisissent de préférence les eaux stagnantes, où ils abondent.

Quoique très-multipliés, on ne retire aucun avantage essentiel de ces animaux. Quelques-uns sont édules et fournissent un aliment difficile à digérer, et que ne supportent point tous les estomacs. On ne devrait, d'ailleurs, jamais en faire usage, sans avoir préalablement pris la précaution de les nourrir convenablement durant plusieurs jours. Ce mets, peu délicat, abandonné aujourd'hui aux gens du peuple, était recherché par les Romains, qui élevaient les limaçons terrestres dans des lieux disposés tout exprès. Au rapport de Pline, ils acquéraient des dimensions très-fortes, et prenaient, à la longue, à l'aide de la nourriture qu'on leur donnait, une saveur exquise.

Depuis un petit nombre d'années, les médecins ont banni de la thérapeutique l'usage dégoûtant de faire avaler des limaçons crus aux malades. A peine si l'on se sert encore du bouillon de colimaçons, regardé autrefois comme une panacée infaillible contre les maladies de poitrine.

Mais si les *Mollusques terrestres* et *fluviatiles* se montrent si peu intéressans sous le rapport des services qu'ils nous rendent et si nuisibles par les dégats qu'ils font dans les jardins, il faut dire aussi que la connaissance approfondie de ces animaux, a amené un des plus beaux résultats de la géognosie moderne. C'est à la précision apportée dans la distinction des genres de ces groupes, que M. Brongniart doit d'être parvenu à distinguer, le premier, ces formations d'eau douce qui ont entièrement changé l'état de la géognosie des terrains tertiaires : résultat immense que l'on peut opposer avec orgueil aux raisons de ceux qui ne comprennent point l'intérêt qui s'attache à l'étude de toutes ces productions naturelles que l'œil du vulgaire voit avec dédain ou avec mépris !

MÉTHODE ANALYTIQUE.

CLEF DE CETTE MÉTHODE.

Le premier paragraphe renferme deux phrases réunies par une accolade :

1 { Nus ou sans coquille...................... LIMACE.
{ Testacés ou avec coquille.................. 2.

Si le Mollusque dont je veux connaître le genre est dépourvu de coquille, je m'arrête à la première phrase qui comprend les *Limaces*. S'il est recouvert d'une coquille, je fais choix de la seconde phrase qui me renvoie au second paragraphe.

Je lis :

2 { Coquille univalve ou d'une seule pièce....... 3.
{ Coquille bivalve ou de deux pièces.......... 19.

Je choisis de nouveau l'une des deux phrases, en continuant ainsi jusqu'à ce que je sois arrivé à celle dont un nom générique se trouve en regard.

À ce premier travail doit succéder une étude raisonnée des caractères de la classe, de l'ordre, de la famille, et enfin du genre auquel on suppose qu'appartient l'individu que l'on veut connaître.

Une fois arrivé au genre, ce n'est qu'en comparant attentivement les diverses phrases spécifiques qu'il renferme que l'on arrive au nom du Mollusque que l'on étudie.

TABLEAU ANALYTIQUE

DES GENRES

D'APRÈS LES CARACTÈRES FOURNIS PAR LA COQUILLE.

—⊷⊷—

MOLLUSQUES.

1 { Nus ou sans coquille extérieure............. LIMACE.
  { Testacés ou avec coquille extérieure......... 2.

2 { Coquille univalve ou d'une seule pièce....... 3.
  { Coquille bivalve ou de deux pièces.......... 19.

3 { Inoperculée ou sans opercule.............. 4.
  { Operculée ou avec opercule............... 16.

4 { Spire rudimentaire ou n'existant pas......... 5.
  { Spire complète......................... 6.

5 { Coquille lamelliforme................... TESTACELLE.
  { Coquille capuchonnée................... ANCYLE.

6 { Coquille plane ou peu élevée.............. 7.
  { Coquille allongée...................... 8.

7 { Ouverture écartée de l'axe de la coquille.... PLANORBE.
  { Ouverture contiguë à l'axe de la coquille..... HÉLICE.

8 { Ouverture dentée ou lamellée............. 9.
  { Ouverture sans dents et sans lamelles....... 11.

9 { Un osselet élastique dans la cavité du dernier tour. CLAUSILIE.
  { Point d'osselet élastique................. 10.

10 { Le dernier tour de spire très-oblique, très-grand, en proportion.......................... CARYCHIE.
Le dernier tour de spire peu oblique, à peine plus grand que le pénultième..................... MAILLOT.

11 { Une troncature à la base de la columelle.... AGATHINE.
Columelle sans troncature.................. 12.

12 { Coquille à gauche.......................... 13.
Coquille à droite.......................... 14.

13 { Ouverture dépassant la moitié de la longueur de la coquille.......................... PHYSE.
Ouverture plus courte que la moitié de la longueur de la coquille.......................... MAILLOT fragile.

14 { Dernier tour de spire beaucoup plus grand que le pénultième.......................... 15.
Dernier tour de spire à peine plus grand que le pénultième.......................... BULIME.

15 { Un pli oblique sur la columelle............. LIMNÉE.
Sans pli sur la columelle................. AMBRETTE.

16 { Ouverture arrondie......................... 17.
Ouverture demi-arrondie.................. NÉRITE.

17 { Opercule calcaire......................... CYCLOSTOME.
Opercule corné........................... 18.

18 { Ouverture ovale........................... PALUDINE.
Ouverture ronde ou presque ronde.......... VALVÉE.

19 { Charnière demi-lunaire.................... CYCLADE.
Charnière droite ou presque droite.......... 20.

20 { Dentée.................................... MULETTE.
Sans dents................................ ANODONTE.

TABLEAU SYNOPTIQUE

DE LA

CLASSIFICATION SUIVIE DANS LE PRÉCIS DE L'HISTOIRE DES MOLLUSQUES

TERRESTRES ET FLUVIATILES

QUI VIVENT DANS LE BASSIN SOUS-PYRÉNÉEN.

GENRES :

MOLLUSQUES.

						GENRES
I.re CLASSE. **GASTÉROPODES.**	**I.re SOUS-CLASSE.** **PULMONÉS.**	**ORDRE 1.er** **INOPERCULÉS.**	**A.** **AQUATIQUES.**	*FAMILLE 1.re.* LIMNÉENS.	1. *Planorbe.* 2. *Limnée.* 3. *Physe.*	
				FAMILLE 1.re. LIMACIENS.	4. *Limace.* 5. *Testacelle.*	
			B. **TERRESTRES.**	*FAMILLE 2.e* ESCARGOTS.	6. *Ambrette.* 7. *Hélice.* 8. *Bulime.* 9. *Agathine.*	
				FAMILLE 3.e AURICULACÉS.	10. *Maillot.* 11. *Clausilie.* 12. *Carychie.*	
		ORDRE 2.e **OPERCULÉS.**		*FAMILLE 1.re.* TURBICINÉS.	13. *Cyclostome.*	
	II.e SOUS-CLASSE. **BRANCHIFÈRES.**	**ORDRE 1.er.** **OPERCULÉS.**		*FAMILLE 1.re.* PÉRISTOMIENS.	14. *Paludine.* 15. *Valvée.*	
				FAMILLE 2.e NÉRITACÉS.	16. *Nérite.*	
		ORDRE 2.e **INOPERCULÉS.**		*FAMILLE 1.re.* SEMI-PHYLLIDIENS.	17. *Ancyle.*	
II.e CLASSE. **ACÉPHALES.**	**SOUS-CLASSE.** **TESTACÉS.**	**ORDRE 1.er.** **LAMELLIBRANCHES.**		*FAMILLE 1.re.* SUB-MYTILACÉS.	18. *Anodonte.* 19. *Mulette.*	
				FAMILLE 2.e CONCHACÉS.	20. *Cyclade.*	

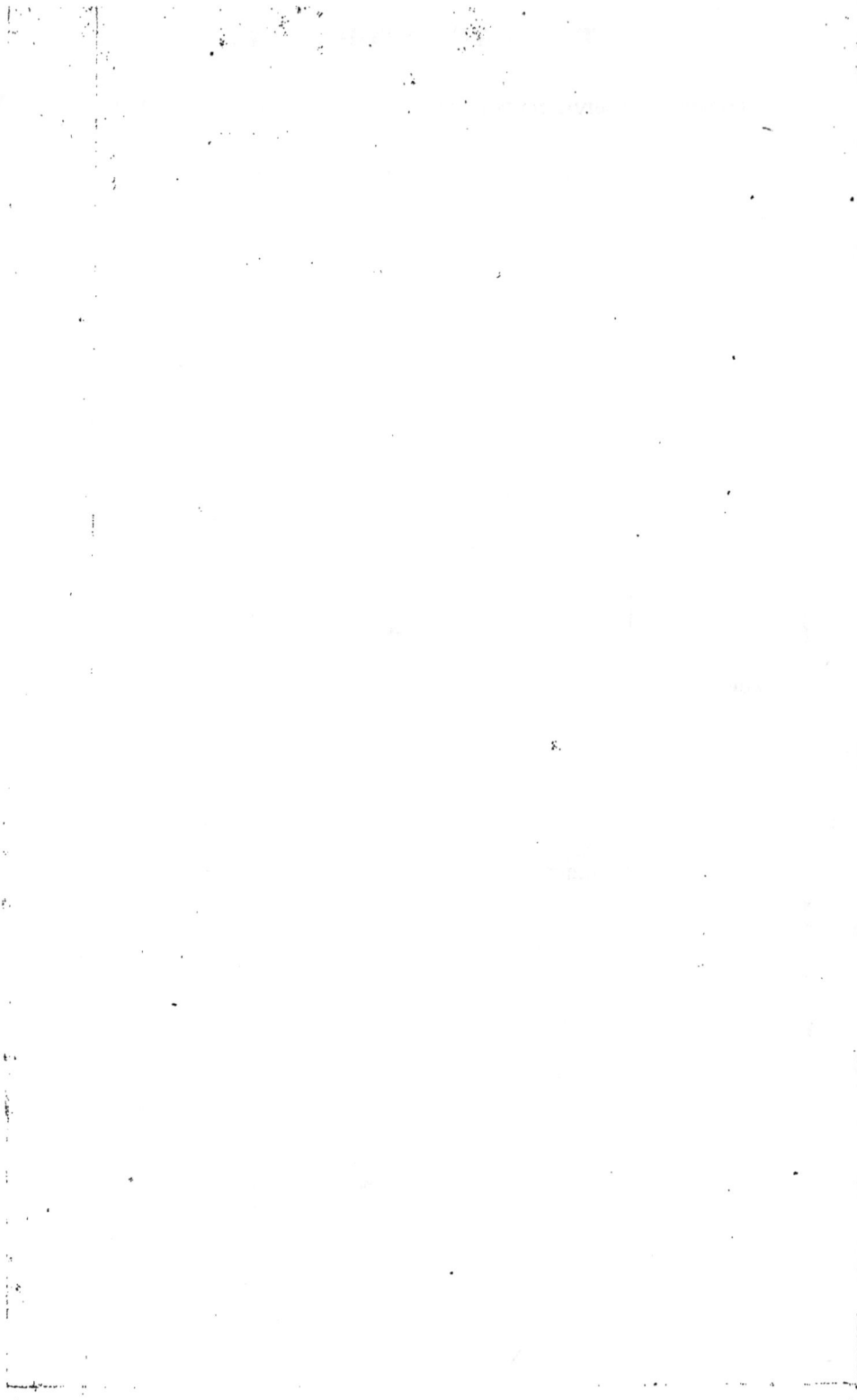

8.

PRÉCIS ANALYTIQUE

DE

L'HISTOIRE NATURELLE

DES MOLLUSQUES

TERRESTRES ET FLUVIATILES

QUI VIVENT

DANS LE BASSIN SOUS-PYRÉNÉEN.

RÈGNE ANIMAL.

DEUXIÈME GRANDE DIVISION.

MOLLUSQUES. Cuv.

Animaux. --- Invertébrés, inarticulés, molasses, la plupart munis d'un développement de la peau de forme variable (manteau), produisant généralement des lames solides (coquilles), intérieures ou extérieures; système nerveux ganglionnaire, dont le principal renflement est placé transversalement sur l'œsophage (cerveau); circulation double, sang blanc ou bleuâtre; respiration pulmonaire ou branchiale.

Vivent sur la terre, dans les eaux douces et salées.

CLASSE PREMIÈRE.

GASTÉROPODES. Cuv.

Gastéropodes, trachélipodes et hétéropodes. LAM.
Paracéphalaphores et polyplaxiphores. BLAINV.

Anim.—Corps libre; un disque charnu abdominal
(pied), propre à la reptation, rarement à la nata-
tion; tête distincte du corps, tentaculée; yeux
diversement situés, mais toujours placés sur ou
près des tentacules; bouche dentée*; organes respiratoires pulmonaires ou branchiaux.

Coq.— Extérieure ou intérieure, quelquefois nulle,
operculée ou sans opercule.

Sont toutes phytophages.

SOUS-CLASSE PREMIÈRE.

PULMONÉS. Cuv.

Respirent l'air en nature.

ORDRE PREMIER.

PULMONÉS INOPERCULÉS. Fér.

Anim. — Rampant sur un pied; cavité respiratoire
recevant l'air en nature, par un orifice particulier
pratiqué au bord droit du manteau; organes générateurs sur le même individu, réunis dans une seule
cavité ou distans.

---

* Les proboscidiformes exceptés.

Coq. — Nulle, rudimentaire ou complète, intérieure ou extérieure, dépourvue d'opercule.

★ PULMONÉS INOPERCULÉS AQUATIQUES. Cuv.

Vivent continuellement dans l'eau et viennent respirer l'air élastique à la surface du liquide.

FAMILLE PREMIÈRE.

LIMNÉENS, Lam.

Limnacés, Blainv.

Anim. — Allongé ; corps demi-cylindrique, tortillon contourné en spirale ; cou entouré d'un repli du manteau (collier) ; deux tentacules contractiles ; yeux à la base de ces organes ; orifice de la cavité pulmonaire sur le collier ; organes générateurs séparés ; ouverture anale près de l'orifice de la cavité respiratoire.

Coq. — Complète, enroulée, discoïde ou spirale, à bord externe tranchant.

L'existence d'organes pulmonaires chez des animaux vivant continuellement dans l'eau, offre une anomalie que M. de Lamarck a cru expliquer en supposant, qu'habitant les eaux douces exposées à tarir, les *Limnéens* furent souvent réduits à passer de très-longs intervalles de temps dans une vase plus ou moins desséchée. Ils se trouvèrent donc contraints à s'habituer à respirer l'air atmosphérique. Leurs branchies subirent, dès-lors, des modifications tellement importantes, qu'elles furent transformées en véritables poumons. De là, la nécessité, pour ces animaux, de venir respirer l'air en nature à la surface du milieu qu'ils habitent.

GENRE PREMIER.

PLANORBE, *Planorbis.*

Brug. Mull. Drap. Lam. Blainv. *Helix*, Lin.

Anim. — Comprimé , allongé ; tortillon enroulé
sur le même plan ; deux tentacules longs, subulés,
oculés à leur base interne ; pied ovale et court ;
orifices pulmonaire et anal à gauche, sur le collier ;
organes reproducteurs du même côté, le mâle près
du tentacule , la cavité des œufs à la base du collier.

Coq. — Sénestre, discoïde , enroulée sur le même
plan , concave sur les deux faces ; ouverture oblongue , plus ou moins échancrée par la convexité de
l'avant-dernier tour ; bord tranchant.

M. Ch. des Moulins a considéré les *Planorbes* comme étant
dextres. (*Actes de la Soc. Lin. de Bordeaux* tom., 4.)

1. PLANORBE CORNÉ.

Helix cornea. LIN., *Syst. Nat.*, 671.
Planorbis purpurea. MULL., *Verm. hist.*, n.° 343.
Planorbis corneus. DRAP., *Hist. des Moll.*, pag. 43 ,
   pl. 1, Fig. 42, 43, 44.
LISTER , *Conch.*, t. 137, f. 41.
GUALT., t. 4, f. D. D.
SEBA., *Thes.* 3 , t. 39 , f. 17.
D'ARGENV., *Conch.*, pl. 27, f. 8, et *Zoomorph.*, pl. 8 ,
   fig. 7.

1. CORNEUS JUNIOR.

Planorbis similis. MULL. *Verm.*, n.° 352.

Anim. — Noirâtre ; tentacules très-longs , très-
déliés, grisâtres ; bords du collier de la même couleur.

Coq. — Discoïde, finement striée transversalement ;
face inférieure légèrement concave, la supérieure
un peu ombiliquée ; spire de 4-5 tours arrondis

sur les deux faces, le dernier très-grand, proportionnellement aux autres ; suture très-profonde ; ouverture oblique, évasée, arrondie, plus longue de haut
en bas ; bord supérieur oblique plus avancé que
l'inférieur ; péristome simple.

D'un brun rougeâtre, ordinairement blanchâtre
en dessous, l'intérieur un peu blanc.

Hauteur, 4 lignes. — Diamètre, 11 lignes.

Habite : — les eaux stagnantes ; canal du Midi.
C. C. C.

L'animal du *Planorbe corné* exprime des bords de son manteau
une liqueur orangée très-abondante. Je n'ai jamais observé ce
phénomène chez les autres espèces du genre.

Nos échantillons offrent constamment des dimensions plus petites
que celles des individus décrits et figurés par Draparnaud.

2. PLANORBE HISPIDE.

Planorbis albus. MULL. , *Verm. Hist.*, n.° 350.
Id. DRAP. , *Tabl. des Moll.*, n.° 3.
Planorbis hispidus. DRAP., *Hist. des Moll.*, pag. 43.
pl. 1 , fig. 45 à 48.

Anim. — D'un gris pâle ; tentacules blancs,
longs.

Coq. — Discoïde, hispide, striée obliquement,
ainsi que dans le sens de la spire ; face supérieure
un peu concave, l'inférieure très-légèrement ombiliquée ; spire de 3 tours arrondis sur les deux faces,
le dernier plus grand proportionnellement, suture
profonde ; ouverture arrondie, un peu dilatée ; bord

supérieur plus avancé que l'inférieur ; péristome simple.

Un peu transparente, d'un brun pâle, hérissée de très-petites pointes coniques qui s'effacent avec l'âge.

Hauteur, demi-ligne. — Diamètre, 2 lignes.

Déposée dans les sables, sur le bord des rivières où elle vit, cette petite coquille prend une belle couleur blanche. C'est alors le *Planorbe blanc* DRAP.

Habite : — L'Ariége, la Garonne. C.

Vue à la loupe, la coquille du *Planorbe hispide*, dépouillée de ses asperités, ressemble assez bien pour la forme générale, au *Planorbe corné*, mais sa bouche arrondie et sa taille ne permettent pas de confondre ces deux espèces.

3. PLANORBE LEUCOSTOME.

Leucostoma. MILLET., *Moll. de Maine-et-Loire*.

Planorbis vortex. *B.* DRAP., *Hist. des Moll.*, p. 44, pl. 2, fig. 6, 7.

Planorbis leucostoma. MICH., *Compl. à l'Hist. des Moll.*, page 80, pl. 16, fig. 3, 4, 5.

Anim. — Brunâtre en dessus, d'un rouge pâle en dessous ; tentacules filiformes blanchâtres.

Coq. — Discoïde, très-finement striée transversalement ; face supérieure légèrement concave, l'inférieure plane ou presque plane, l'une et l'autre ombiliquées ; spire de 5 tours arrondis, très-peu carénés inférieurement, le dernier à peine plus grand que les autres ; suture prononcée ; ouverture arrondie, ovale, le bord supérieur plus avancé que l'inférieur ; péristome bordé.

Un peu transparente et brunâtre pendant qu'elle contient l'animal, cendrée lorsqu'elle est vide.

Hauteur, demi-ligne. — Diamètre, 3 lignes et demie, souvent moins.

Habite : — Les eaux tranquilles, où elle s'attache aux plantes aquatiques submergées. Canal des Deux-Mers, fossés de Bourrassol, à Toulouse. C. C. C

Je n'ai pas su trouver dans la description et les figures du *Planorbe Leucostome* de M. Michaud (*loc. cit.*), des caractères spécifiques qui pussent me déterminer à le séparer du *P. Planorbe contourné* Drap. celui-ci ne différant du premier que par sa taille un peu moins forte.

Les phrases de Lin., *Syst. Nat.* 667, et *Mull. Verm. hist.* n.º 345, conviennent au véritable *P. Vortex.* Var. *A.* Drap. que M. Michaud a décrit sous le nom de *P. Compressus.* (*loc. cit.*). Il a le dernier tour de la spire sensiblement caréné au milieu.

4. PLANORBE OMBILIQUÉ.

Helix complanata. Lin. , *Syst. Nat.*, 663.
Planorbis umbilicatus. Mull., *Verm. hist.*, n.º 346.
Planorbis marginatus. Drap., *Hist. des Moll.*, page 45 , fig. 11, 12, 13.

Anim. — Brunâtre; tentacules subulés, très-mobiles, d'un jaune orangé.

Coq. — Discoïde, fortement striée transversalement; face supérieure légèrement concave, l'inférieure presque plane; spire de 5 tours, carénés inférieurement, arrondis supérieurement, le dernier proportionnel aux autres; suture profonde; ouverture ovale anguleuse; bord supérieur plus avancé que l'inférieur; péristome simple.

Demi-transparente, cornée, d'un brun plus ou moins foncé, quelquefois hispide.

Hauteur, demi-ligne. — Diamètre, 7 lignes.

Habite : — Les eaux stagnantes, le canal du Midi,
à Toulouse. C.

5. PLANORBE CARÉNÉ.

Helix planorbis. LIN , *Syst. Nat.* , 662.
Planorbis carinatus. MULL. , *Verm. Hist.* , n° 344.
Idem. DRAP., *Hist. des Moll.* , page 46, pl. 2, f. 13,
14 et 16.
LIST. , *Conch.,* t. 138, f. 42.
GUALT. , *Test.* t. 4. , f. EE.

Anim. — Transparent, grisâtre en dessus.

Coq. — Discoïde, très-finement striée transversalement ; face supérieure légèrement concave, l'inférieure presque plane ; spire de 4 tours un peu
convexes supérieurement, le dernier proportionnellement plus grand, carène presque sur son milieu ;
suture peu profonde ; ouverture ovale anguleuse ; bord
supérieur plus avancé que l'inférieur ; péristome
simple.
Cornée, transparente.

Hauteur, demi-ligne. — Diamètre, 4 lignes et demie.

Habite : — Les eaux stagnantes, le canal du Midi. C.

La coquille de cette espèce est plus aplatie que celle du *Planorbe
ombiliqué.* Elle diffère aussi de celle-ci par sa couleur plus claire,
par sa spire de 4 tours, par sa carène presque médiane, plus
saillante, et son dernier tour proportionnellement plus grand.

GENRE II.

LIMNÉE, *Limneus.*

DRAP. *Limnea* , LAM. BLAINV. *Helix* , LIN. *Buccinum* ,
MULL. *Bulimus*, BRUG.

Anim. — Ovale; tortillon spiral; tentacules aplatis, triangulaires, oculés à leur base interne; manteau simple ou découpé sur les bords; pied ovale, un peu bilobé antérieurement, rétréci postérieurement; orifices pulmonaire et anal à droite sur le collier; organes reproducteurs du même côté, le mâle sous le tentacule; cavité des œufs à côté de la cavité pulmonaire.

Coq. — Dextre, oblongue; spire saillante; ouverture entière, ovale, plus haute que large; bord latéral tranchant; un pli oblique sur la columelle; bourrelet intérieur le plus communément.

Les *Limnées* sont hermaphrodites, elles ont l'organe mâle assez éloigné de l'organe femelle pour rendre l'accouplement double impossible, entre deux individus. Si un troisième arrive, il s'accouple avec celui qui remplit les fonctions de mâle, et ainsi de suite, de telle sorte qu'à l'exception du premier et du dernier, tous remplissent doublement l'acte de la copulation.

Geoffroy a le premier signalé ce singulier mode d'accouplement.

† Longueur de l'ouverture excédant la moitié de la longueur de la coquille.

1. LIMNÉE AURICULAIRE.

Helix auricularia. LIN., *Syst. Nat.*, 708.

Buccinum auricula. MULL., *Verm. Hist.*, n.° 322.

Bulimus auricularius. BRUG., *Encycl.*, n.° 14.

Limnæus auricularius. DRAP., *Hist. des Moll.*, pag. 49, pl. 2, f. 28, 29 et 32.

Limnea auricularia. LAM., *Anim. S. Vert.*, tom. 6, pag. 161.

GUALT., *Test.*, t. 5, f. G.

D'ARG., *Conch.*, t. 1, 4, 1. 28 f. 22.

Anim. — D'un jaune verdâtre, le cou plus foncé ; tout le corps, surtout le tortillon, est parsemé de petits points d'un jaune doré, la transparence de la coquille laisse facilement apercevoir ces taches.

Coq. — Très-bombée, obtuse, très-fortement ventrue, finement striée longitudinalement ; spire de 4 tours, le dernier formant presque la totalité de son volume ; sommet très-court, aigu ; ouverture très-grande, ovale - allongée, ses deux extrémités arrondies ; bord columellaire réfléchi à sa naissance, sans bourrelet intérieur.

Cornée transparente, luisante et fragile.

Hauteur, 10 lignes. — Diamètre, 8 lignes.

Habite : — Les eaux courantes et les eaux stagnantes ; le canal du Midi, les petites rivières le Touch, la Save, le Gers, etc. C. C. C.

2. LIMNÉE OVALE.

Hélix terres. GMEL., *Syst. Nat.*, 217.
Limneus ovatus, DRAP., *Hist. des Moll.*, p. 50, pl. 2, f. 30, 31 et 33.
Limnea ovata. LAM., *Anim. S. Vert.*, tom. 6, pag. 161.
LIST., *Conch.*, t. 123, f. 22.
GUALT., *Test.*, t. 5, f. F.
BORN., *Conch.* t. 16, f. 20.

Anim. — Semblable à celui de l'espèce précédente.

Coq. — Bombée, obtuse, fortement ventrue, finement striée longitudinalement ; spire de 4-5 tours, le dernier formant presque la totalité de son volume ; sommet très-court, aigu ; ouverture très-grande, ovale-

allongée, l'extrémité inférieure dilatée, arrondie; la supérieure, à angle aigu; bord columellaire réfléchi à
sa naissance; point de bourrelet intérieur.

Cornée transparente, luisante et fragile.

Hauteur, 9 lignes. — Diamètre, 6 lignes.

Habite : — Avec la précédente. C.

Cette coquille, très-voisine de la *Limnée auriculaire*, dont elle n'est
qu'une variété, en diffère par son dernier tour de spire moins
ventru, par son ouverture plus élargie à son extrémité inférieure,
tandis que la supérieure forme un angle très-aigu. Je l'ai toujours
vue avec quatre tours à la spire, quoique Draparnaud en compte cinq.

3. LIMNÉE VOYAGEUSE.

Helix peregra. GMEL., *Syst. Nat.*
Buccinum peregrum. MULL., *Verm. Hist.*, n.° 324.
Bulimus pereger BRUG., *Encycl.*, n.° 10.
Limneus pereger. DRAP. *Hist. des Moll.*, pag. 50, pl. 2,
   fig. 34 à 37.
Limnea peregra. LAM., *Anim. S. Vert.*, tom. 6, pag. 161.
Limnea marginata. MICH., *Compl.*, pag. 88, pl. 16, fig.
   15, 16.

Anim. — D'un gris violàtre; tentacules allongés.

Coq. — Ovale-oblongue, médiocrement ventrue,
finement striée longitudinalement; spire de 4
tours (4 et demi, DRAP.), le dernier formant un
peu plus des deux tiers de la coquille; sommet aigu;
ouverture grande, ovale-allongée, élargie à son extrémité supérieure qui est arrondie, la supérieure rétrécie
anguleuse; bord columellaire réfléchi à sa naissance;
bourrelet intérieur blanchâtre.

Fauve ou brunâtre, épaisse, solide, peu transparente.

Hauteur 7-8 lignes. — Diamètre, 5 lignes.

Habite : — Les eaux stagnantes. Canal du Midi,
C., les fossés, où elle est rare.

Je réunis à la de *Limnée voyageuse Drap.* la *L. marginée Mich.*
qui n'en diffère pas essentiellement ; l'espèce de Draparnaud adulte
ayant toujours un bourrelet intérieur.

4. LIMNÉE DES ÉTANGS.

Helix stagnalis. LIN., *Syst. Nat.*, 703.
Buccinum stagnale. MULL., *Verm. Hist.*, n.º 327.
Bulimus stangnalis. BRUG., *Encycl.*, n.º 13.
Limneus stagnalis. DRAP., *Hist. des Moll.*, pag. 51, pl. 2,
    fig. 38, 39.
Limnea stagnalis. LAM., *Anim. S. Vert.*, tom. 6, page 159.
LIST., *Conch.*, t. 123, f. 21.
GUALT., *Test*, t. 5, f. J. (*mal.*).
D'ARGENV., *Conch.*, t. 27, f. 26.
BORN., *Conch.*, t. 16, f. 6 (*pas bien*).
SEBA, *Thes.* III, t. 39, f. 43 à 46.
B: SCALAIRE.

Les tours de la spire de la coquille non continus.

Coq. — Ovale-oblongue, ventrue, striée longitudinalement; spire de 6-7 tours, le dernier formant
un peu plus de la moitié de la coquille; sommet très-
allongé; ouverture grande, ovale-allongée, élargie vers
son extrémité inférieure qui est arrondie, ainsi que
la supérieure; bord columellaire légèrement réfléchi
à sa naissance; bourrelet intérieur large, rougeâtre.

Cornée, opaque, fauve ou d'un blanc grisâtre.

Hauteur, 20 lignes. — Diamètre, 10 lignes.

Habite : — Les eaux stagnantes. C. C. C.

C'est la plus forte espèce du genre. La coquille présente le plus communément des saillies longitudinales qui la rendent comme anguleuse.

La variété *scalaire* ne m'est connue que par un seul échantillon que j'ai vu dans la riche collection de M. Béguillet. M. Charles Béguillet, son fils, l'avait prise dans le canal qui entoure la butte du Jardin-des-Plantes de Toulouse. M. N. Boubée l'a signalée dans son Bulletin.

†† Longueur de l'ouverture moindre que la moitié de la longueur de la coquille.

5. LIMNÉE DES MARAIS.

Limneus palustris. DRAP., *Hist. des Moll.*, pag 52.
A. grande.
Helix corvus. GMEL., *Syst. Nat.*, 203.
DRAP. pl. 2, fig. 40, 41.
B. Moyenne.
Buccinum palustre. MULL., *Verm. Hist.*, n.º 326.
Bulimus palustris. BRUG., *Encycl.*, n.º 13.
DRAP., pl. 2, fig. 42, et pl. 3, fig. 1.
C. Petite.
Helix fragilis. LIN., *Syst. Nat.*, 704.
GUALT., t. 5., E.

Anim. — D'un noir violâtre ; tentacules plus pâles que le reste du corps ; pied ovale très-court.

Coq. — Variable ; ovale-oblongue, striée longitudialement ; spire de 6 tours, séparés par une suture plus ou moins profonde ; le dernier moindre que la moitié de la longueur de la coquille ; sommet allongé aigu; ouverture ovale allongée, un peu élargie vers le milieu; bord columellaire réfléchi à sa naissance; bourrelet intérieur étroit, manquant quelquefois.

Cornée, grisâtre, plus ou moins transparente ou d'un brun noirâtre et opaque, le bourrelet rougeâtre.

La var. *A.* Hauteur, 13 lignes. — Diamètre, 6 lignes.

La var. *B.* Hauteur, 11 lignes. — Diamètre, 3 lignes.

La var. *C.* Hauteur, 7 lignes. — Diamètre, 3 à 4 lignes.

Habite : — Les eaux stagnantes, les fossés, le canal du Midi. C. C.

6. LIMNÉE ALLONGÉE.

Bulimus leucostoma. POIR. *Prod.* page 37, n.º 4.
Limneus elongatus. DRAP. *Hist. des Moll.* pag. 53 pl. 3, fig. 3, 4.
Limnea leucostoma. MICH. *Compl.* page 89.
LIST; *Conch.*, t. 20, f. 15 (grande variété).

Anim. — D'un gris noirâtre; tentacules longs, plus pâles que le reste du corps.

Coq. — Conique, très-allongée, finement striée longitudinalement; spire de 7 tours, rarement 8, croissant graduellement; sommet aigu; ouverture petite, un peu moindre que le tiers de la longueur de la coquille, ovale allongée, un peu élargie au milieu, extrémité inférieure arrondie, la supérieure à angle aigu; bord columellaire légèrement réfléchi à sa naissance; un bourrelet intérieur.

Cornée, transparente, fragile; le bourrelet blanc.

Hauteur, 8 lignes. — Diamètre, 2 lignes et demie.

Habite : — Les fossés inondés. C. C. Plaine de la Garonne et de l'Ariége, environs d'Auch.

7. Limnée petite.

Helix limosa. Lin., *Syst. Nat.*, 786.
Limnéus minutus. Drap., *Hist. des Moll.*, pag. 53, pl. 3, f. 5, 7.
Gualt., *Test.*, t. 5, f. H.
A. Grande.
B. Petite.

Anim. — D'un gris noirâtre, moins foncé en dessous; le collier parsemé de petits points arrondis, d'un jaune doré.

Coq. — Ovale-oblongue, striée longitudinalement; spire de 5 tours, le dernier formant presque les deux tiers de la coquille; sommet allongé aigu; ouverture ovale, un peu élargie au milieu, son extrémité inférieure arrondie, la supérieure rétrécie, obtuse; bord columellaire réfléchi à sa naissance; quelquefois un bourrelet intérieur. (Il manque dans nos échantillons).
Cornée, grisâtre, demi-transparente

La var. *A.* Hauteur, 4 lignes et demie. — Diamètre, 3 lignes.

La var. *B.* Hauteur, 3 lignes et demie. —Diamètre, 2 lignes et demie.

Habite : — Les rivières, les ruisseaux. La Garonne, l'Ariége, le Tarn, l'Agout, le Gers, etc., etc.

GÉNRE III.

PHYSE, *Physa.*

Drap. Lam. Blainv. *Bulla*, Lin. *Planorbis*, Mull. *Bulimus*, Brug.

Anim. — Ovale; tortillon spiral; tentacules subu-lés, élargis; yeux à leur base, interne; manteau simple ou bilobé, découpé sur les bords; pied arrondi antérieurement, terminé en pointe posté-rieurement; orifices pulmonaire et anal à gauche, disposés comme dans les Limnées.

Coq. — Sénestre, ovale-oblongue; spire plus ou moins aiguë, le dernier tour plus grand que tous les autres ensemble; ouverture ovale, plus longue que large, bord latéral tranchant; un pli oblique sur la columelle; un bourrelet intérieur.

Les conchyliologistes décrivent les coquilles des *Physes* comme étant dépourvues de pli sur la columelle; tous les individus que nous avons observés en offrent un bien marqué. On peut dire que les *Physes* sont des *Limnées* sénestres; on devrait réunir les deux genres.

1. Physe aiguë.
Physa acuta. Drap. *Hist. des Moll.*, pag. 55, pl. 3, fig. 10, 11.
B. Ventricosa.

Anim. — Pâle, noirâtre en dessus. — Drap. a ob-servé que le manteau n'était pas digité.

Coq. — Ovale-oblongue, striée longitudinalement; spire de 5 tours, le dernier très-grand; sommet court, aigu; ouverture grande, allongée; son extrémité supé-rieure arrondie, l'inférieure rétrécie à angle aigu;

bord columellaire réfléchi à sa naissance; un bourrelet intérieur.

Couleur de corne brunâtre, luisante, peu transparente; quelquefois sa surface est coupée par des bandes blanchâtres étroites et longitudinales; bourrelet blanc.

Hauteur, 6 lignes. — Diamètre, 3 lignes et demie.

La var. *B*. Hauteur, 7 lignes et demie. — Diamètre, 5 lignes.

Habite : — Les eaux courantes; dans la Garonne et les rivières qui s'y jettent. DRAP. (*loc. cit.*). La Garonne à Toulouse, l'Ariége à Venerque, le Tarn, le Gers, le Touch. C.
La var. *B*. Dans le Canal du Midi. C. C. C.

La coquille de la variété *B*. a le dernier tour très-grand, fortement bombé. Elle est cornée, pâle, transparente et luisante.

M. de Lamarck a cité la *Physa castanea*, figurée dans l'Encyclopédie Méthodique, comme vivant dans la Garonne; nous n'avons pu l'y découvrir.

PULMONÉS INOPERCULÉS TERRESTRES.

Vivent continuellement sur la terre.

FAMILLE PREMIÈRE.

LIMACÉENS. LAM.

Limacinés, BLAINV. Limace, FÉR.

Anim. — Droit, allongé, demi-cylindrique; pied non distinct du corps; tortillon rudimentaire manquant communément; manteau pourvu d'une cuirasse; quatre tentacules rétractiles, les deux supérieurs plus

2

longs, oculifères ; orifices de l'anus et de la cavité
pulmonaire sous la cuirasse ou sous une coquille
rudimentaire extérieure ; organes générateurs réunis.

Coq. — Nulle ou rudimentaire, intérieure ou extérieure.

Les animaux appartenant à ce groupe sont crépusculaires ; ils ne
se montrent qu'avant le lever du soleil ou après son coucher. Ce n'est
que par un temps pluvieux qu'ils apparaissent à d'autres heures
de la journée.

GENRE PREMIER.

LIMACE, *Limax.*

LIN. CUV. DRAP. LAM. *Limax* et *Arion*, FÉR.

Anim. — Cuirasse à la partie antérieure et supérieure du corps ; cavités respiratoire et anale sous
ce repli, s'ouvrant du côté droit ; orifices des organes
générateurs à droite, près du grand tentacule ; quelquefois un pore muqueux terminal.

Coq. — Intérieure (développée dans l'épaisseur de
la cuirasse), rudimentaire, solide, ovale, non spirale
(*limacelle*) ; représentée dans quelques cas par de
très-petites granulations calcaires.

M. Brard a, le premier, nommé *limacelles* les petites lames solides
que l'on rencontre dans l'épaisseur du manteau de quelques *Limaces.*
Ces pièces, véritables rudimens de coquilles, plus ou moins
minces, plus ou moins transparentes, présentent, à leur partie
postérieure, quelques légères rugosités ; l'extrémité antérieure est
constamment amincie. (BRARD, *Coq. des environs de Paris.*)

† Têt rudimentaire intérieur ovale (limacelles)*.

---

* M. de Férussac a encore employé, pour distinguer ces deux
sous-genres, des caractères tirés de la présence ou de l'absence du
pore muqueux terminal, et surtout de la position de l'orifice pulmo-

Limax. Fér.

1. LIMACE GIGANTESQUE.

Limax maximus. LIN., *Syst. Nat.*, 4.
Limax cinereus. MULL., *Verm Hist.*, n.º 202.

Id. DRAP., *Hist. des Moll.*, pag. 124, pl. 9, fig. 10.

Anim. — Strié, rugueux; dos arrondi sans carène;
extrémité postérieure aiguë; pied adhérent au dos;
cuirasse lisse, ovale-allongée; ouverture pulmonaire
à sa partie postérieure; tentacules supérieurs longs et
déliés, les inférieurs courts.

A. D'un gris cendré; la cuirasse bleuâtre.
B. idem; la cuirasse tachée de noir.
C. idem; le dos fascié de noir; la cuirasse parsemée
de taches de la même couleur.
Le cou, la tête et les tentacules d'un gris rous-
sâtre; le dessous du pied jaunâtre.

Longueur, 6 pouces, souvent moindre.

Habite : — La var. *A*, dans les bois des coteaux, à
Pech-David R.; la var. *B*, dans les souterrains, les
caves, les endroits humides des habitations rustiques,
C. à Venerque. C. C. C.
Au printemps et jusqu'à la fin de l'été.

2. LIMACE AGRESTE.

Limax agrestis. LIN., *Syst. Nat.*, 6.

---

naire, mais ces modifications sont loin d'être constantes chez les
espèces appartenant à ces deux groupes. C'est donc à dessein que je
les ai négligées.

Id. Mull., *Verm. Hist.*, n.o 204.

Id. Drap., *Hist. des Moll.*, pag. 126, pl. 9, fig. 9.

List., *Conch.*, t. 101, f. A.

Anim. —Finement strié ; le dos arrondi antérieure-ment, un peu caréné à la partie postérieure ; extrémité du corps terminée en pointe par la carène ; cuirasse ovale-oblongue, légèrement grenue ; ouverture pulmonaire à sa partie postérieure ; tentacules supérieurs allongés, les inférieurs très-courts.

D'un blanc sale ou d'un gris cendré pur, quelquefois pointillé de noir ; la tête et les tentacules noirâtres ; pied d'un blanc jaunâtre.

Longueur, 1 pouce et demi.

Habite : — Les bois, les champs cultivés, surtout les jardins potagers qu'elle ravage. C. C. C.

Depuis le premier printemps jusqu'au commence-ment de l'hiver.

3. Limace des bois.

Limax sylvaticus. Drap., *Hist. des Moll.*, pag. 126, pl. 9, fig. 11.

Anim. — Finiment strié ; dos arrondi antérieure-ment, un peu caréné à la partie postérieure ; extrémité du corps terminée en pointe par la carène ; cuirasse ovale-allongée, avec une forte saillie posté-rieurement (c'est la seule portion adhérente) ; ouverture pulmonaire à la partie postérieure ; tentacules supérieurs allongés, les inférieurs très-petits.

D'un blanc sale, vineux ou grisâtre, parfois poin-tillé de noir ; tête et tentacules noirâtres.

Longueur, 1 pouce et demi.

Habite : Les bois, les jardins. C. C.

La seule gibosité de la cuirasse la distingue de la *Limace agreste*, dont elle n'est, sans doute, qu'une variété.

4. LIMACE JAYET.

Limax gagates. DRAP., *Hist. des Moll.*, pag. 122, pl. 9, fig. 1, 2.

Anim. — Strié-ridé ; dos caréné depuis la cuirasse jusqu'à l'extrémité postérieure qui est aiguë ; carène séparée postérieurement du plan musculaire du pied par une sorte de pore muqueux ; cuirasse ridée, ovale-allongée, ordinairement surmontée d'un disque plus petit de la même forme ; ouverture pulmonaire un peu à sa partie postérieure ; tentacules supérieurs allongés, renflés à leur base ; les inférieurs courts.

D'un noir luisant, le dessous du pied moins foncé.

Longueur, 2 pouces 6 lignes.

Habite : — Les jardins à Toulouse. R. Au premier printemps.

5. LIMACE MARGINÉE.

Limax marginatus. MULL., *Verm. Hist.*, n.° 206.
Id. DRAP., *Hist. des Moll.*, pag. 124, pl. 9, fig. 7.

Anim. — Un peu ridé ; dos fortement caréné, depuis le bouclier jusqu'à l'extrémité postérieure qui est obtuse presque bilobée ; un pore muqueux séparant le dos du plan musculaire du pied ; cuirasse grenue, ovale-arrondie ; tentacules supérieurs courts et renflés, les inférieurs très-courts.

D'un gris jaunâtre ou verdâtre, pointillé de noir, les points formant quelquefois des lignes longitudinales interrompués ; carène jaunâtre, ainsi que la cuirasse qui est comme jaspée, et entourée d'un cercle noir; tentacules de couleur fauve.

Longueur, 3 pouces.

Habite : — Les fentes des murs, sous les pierres. C. Autour de l'Hôtel-Dieu Saint-Jacques, à Toulouse. C. C. C.

Dès le mois de Février jusqu'en hiver.

6. LIMACE DES JARDINS.

Limax hortensis. BLAINV., *Dict. sc. nat.*, tom. 26, pag. 429.
Id. BRARD., *Coq de Paris*, pag. 121.
Arion hortensis. FÉR., *Tabl.*, pag. 18.
Limax hortensis. MICH., *Compl.*, pag. 6, pl. 14, fig. 1.

Anim. — Finement strié; dos presque arrondi, un peu bilobé postérieurement; pied séparé du corps postérieurement par un pore muqueux ; cuirasse légèrement grenue, ovale-allongée, rétrécie antérieurement; ouverture pulmonaire à sa partie antérieure ; les tentacules supérieurs allongés, les inférieurs courts.

Noir, fascié de gris longitudinalement; tentacules blanchâtres, ainsi que le pied.

Longueur, 18 à 20 lignes.

Habite : — Les champs, les jardins. R. R. R. Je l'ai rencontrée, deux fois seulement, dans un jardin ombragé de l'Hôtel-Dieu Saint-Jacques, à Toulouse.

Cette espèce présente extérieurement tous les caractères des

Arions de M. de Férussac : un pore muqueux à l'extrémité postérieure du corps, et l'ouverture pulmonaire, en avant, sur la cuirasse; mais la limacelle ovale intérieure la retient dans le sous-genre *Limax*, ou plutôt la *Limace des jardins* forme le passage naturel des vraies *Limaces* aux *Arions*.

La taille de ce mollusque pourrait le faire confondre avec la *Limace agreste*; mais il en diffère par la position du trou pulmonaire, par son pore terminal et par sa couleur.

┼┼ Concrétions calcaires arénacées, remplaçant la limacelle intérieure.

Arion. Fér.

7. Limace noirâtre.
Limax ater. Lin., *Syst. Nat.*, 1.
Id. Drap., *Hist. des Moll.*, page 122, pl. 9, fig. 3 à 5.
List., *Conch.*, t. 102.

Anim. — Fortement ridé; dos arrondi sans carène, terminé par un pore muqueux; cuirasse grenue, ovale; ouverture pulmonaire à sa partie antérieure; tentacules supérieurs épais, allongés; les inférieurs courts un peu renflés.

Noire communément, la marge du pied rouge-orangé, avec de lignes transversales noires; quelquefois le corps d'un gris foncé, la marge du pied rouge ou blanchâtre.

Concrétions calcaires nombreuses, un peu inégales.

Longueur, 3 pouces et demi.

Habite : — Les bois, les champs, les jardins. C. C. C.
Au premier printemps.

8. Limace rousse.

Limax rufus. Lin., *Syst. Nat.*, 3.

Id. DRAP., *Hist. des Moll.*, page 123, pl. 9, fig. 6.

Anim. — Fortement ridé; dos arrondi, sans carène;
terminé par un pore muqueux; cuirasse grenue,
ovale, plus large postérieurement; ouverture pulmonaire à sa partie antérieure; tentacules supérieurs longs
et renflés, les inférieurs courts et renflés.

D'un jaune brunâtre ou rougeâtre, le pied plus
pâle; tentacules noirâtres.

Concrétions nombreuses, inégales.

Longueur, 4 pouces et plus.

Habite : — Les vallons, le long des ruisseaux, les
bords des bois ombragés. C. C. C.

Depuis le printemps jusqu'en automne.

Je n'ai pas rencontré le *Limax subfuscus* de Draparnaud, que
cet auteur cite, comme très-commun, dans le Sorézois et la Montagne-Noire.

GENRE II.

TESTACELLE, *Testacella.*

DRAP. *Testacellus*, CUV. LAM. FÉR.

Anim. — Cuirasse nulle, cavité respiratoire et
anale au quart postérieur du corps du côté droit; organes générateurs réunis; ouverture de leur cavité à droite,
en arrière du grand tentacule; point de pore muqueux
terminal.

Coq. — Externe, rudimentaire, déprimée; spire de
1 à 2 tours; ouverture très-grande.

1. TESTACELLE ORMIER.

Testacella haliotidea. DRAP., *Hist. de Moll.*, page 121,
pl. 8, fig. 43, 48, pl. 9, fig. 12, 14.

Testacellus haliotideus. Cuv., *Ann. du Mus.*, tom. 5, page 435, pl. 29, fig. 6, 11.

Anim. — Allongé, légèrement ridé, demi-cylindrique, sans carène; manteau habituellement caché sous le têt; s'étendant assez, dans quelques circonstances, pour recouvrir le corps entier de l'animal; tortillon rudimentaire; pied débordant le corps postérieurement.

Coq. — Auriforme, plus ou moins convexe; spire très-peu saillante.

D'un gris légèrement roussâtre uni, ou tacheté.

Longeur, 1 pouce et demi à 2 pouces.

Habite : — Les jardins, les champs, le long des fossés. C. C. C. A Toulouse et dans les environs; à Montferrand (Gers), dans le jardin de M. Lacaze.

Au premier Printemps.

On peut se procurer facilement cette *Testacelle*, à Toulouse, en suivant, avant le lever du soleil, la grande route, vers Portet. Elle est aussi très-commune sur le chemin du Polygone.

FAMILLE SECONDE.

ESCARGOTS. Cuv.

Trachélipodes Colimacés, Lam. Limacinés, Blainv. Limaçons, Fér.

Anim. — Allongé; corps distinct du pied; tortillon contourné en spirale; un collier fermant exactement la coquille; quatre tentacules, les supérieurs plus longs, oculés; anus voisin de l'orifice pulmonaire, placé du côté droit.

Coq. — Spirale ou discoïde de forme très-variable.

Les animaux de cette famille ont les mêmes mœurs que ceux
de la précédente. L'hiver, ils ferment leur coquille au moyen
d'une ou de plusieurs cloisons membraneuses que l'on a nommées
épiphragmes.

GENRE PREMIER.

AMBRETTE, *Succinea.*

DRAP. LAM. BLAINV. *Helix cochlohydra*, FÉR. *Helix*,
LIN. *Bulimus*, BRUG.

Anim. — Allongé, spiral ; quatre tentacules rétractiles, les inférieurs très-courts ; pied ovale-allongé ;
ouverture ovale à côté de l'orifice pulmonaire, s'ouvrant à la partie supérieure du collier, organes générateurs réunis leur orifice en arrière du tentacule
inférieur droit*.

Coq. — Dextre, ovale-oblongue; dernier tour des pire
très-grand ; ouverture oblique entière, grande, sans
dents ni lames ; bords tranchans désunis par la saillie
de l'avant-dernier tour ; columelle sans troncature à
la base.

A l'exemple de Draparnaud, MM. Lamarck et de Blainville ont
adopté ce genre ; MM. Cuvier et de Férussac en ont fait un sous-
genre parmi les *Hélices.*

M. Deshaies a éclairé ce point de controverse en établissant, par
l'anatomie du *succinea amphibia*, regardé comme le type du genre
Ambrette, qu'il devait être séparé des véritables *Hélices.*

1. AMBRETTE AMPHIBIE.

Hélix putris. LIN., *Syst. Nat.*, 705.

---

* L'animal en se contractant rentre entièrement dans la coquille,
qu'il ferme, en hiver, d'un épyphragme membraneux. Muller l'avait
observé.

Helix succinea. Mull., *Verm. Hist.*, n.o 296.

Bulimus succineus. Bruc., *Encycl.*, n.º 10.

Succinea amphibia. Drap., *Hist. des Moll.*, pag. 58, pl. 3, fig. 22, 23.

Gualt., t. 5, f. H.

List., *Conch.*, t. 123. A.

D'Argenv., *Conch.*, p. 28, f. 23.

Born., *Conch.*, pag. 364., f. F.

Anim. — D'un gris violâtre, le collier plus clair; les deux tentacules inférieurs à peine visibles.

Coq. — Ovale-oblongue, striée; spire de 3 tours très-obliques, le dernier très-grand, médiocrement bombé; sommet court, obtus; ouverture ovale, élargie inférieurement, deux fois plus longue que le sommet de la coquille; péristome simple très-mince, comme membraneux.

Mince, fragile, jaune, demi-transparente.

Hauteur, 9 à 10 lignes. — Diamètre, 4-6 lignes.

Habite : — Les lieux qui avoisinent les eaux, sur les plantes, C. C. C., sur les pierres des écluses du Canal du Midi, à Toulouse. C. C. C.

Le nom spécifique de cette espèce est peu exact, puisqu'il n'est pas vrai, comme on l'a déjà depuis long-temps fait remarquer, qu'elle habite alternativement sur la terre et dans les eaux.

GENRE II.

HELICE, *Hélix.*

Drap. Cuv. Blainv. *Helix*, Lin. *Helix*, Fér.

Anim. — Allongé, spiral; collier épais, un peu

bilobé inférieurement ; quatre tentacules très-obtus au sommet , les inférieurs plus courts ; pied ovale-allongé ; ouverture anale à côté de l'orifice pulmonaire, s'ouvrant à la partie supérieure du collier ; organes générateurs réunis, leur orifice en arrière du tentacule inférieur droit.

Coq. — Dextre , variable , globuleuse , conoïde ou discoïde ; dernier tour de la spire très-grand ; ouverture oblique, de forme variable, le plus souvent demi-lunaire, aplatie ou anguleuse , contiguë à l'axe de la coquille ; bords désunis par la saillie de l'avant-dernier tour , ni dentés ni plissés ; péristome épaissi ou réfléchi, continu ou disjoint ; columelle sans troncature à la base.

Les *Hélices* et les genres voisins offrent quelquefois des individus sénestres. Nous n'avons pas eu occasion d'observer , chez nous, cette transposition organique.

† Péristome non réfléchi.

A. Ouverture anguleuse à la réunion des deux bords.

1. HÉLICE ÉLÉGANTE.

Helix elegans. GMEL. , *Syst. Nat.* , 229.
Helix crenulata. MULL., *Verm. Hist.* , n.º 263.
Helix elegans. DRAP., *Hist. des Moll.* , pag. 79 , pl. 5 , fig. 1 2.
Caracolla elegans. LAM., *An. S. Vert.* , tom. 6 , pag. 100
LIST. *Conch.* , t. 61 , f. 58.
GUALT. *Test.* , t. 1 , f. O.
Var. *B.* Helix elegans depressa.

Longueur, 4 lignes. — Diamètre du dernier tour, 5 lignes.

La var. *B*, Longueur, 3 lignes. — Diamètre du dernier tour, 5 lignes.

La spire est donc d'une ligne moins élevée que dans le type de l'espèce, quoiqu'elle ait le même nombre de tours.

Anim. — Blanchâtre, un peu transparent; les tentacules grisâtres, les inférieurs très-courts.

Coq. — Conique, finement striée; spire de 7 tours; carène saillante le long de la suture; sommet obtus; ouverture simple, déprimée à angle aigu; ombilic un peu évasé.

Opaque, blanchâtre ou fauve, la carène toujours blanche.

Habite : — Les champs, C. C. C., sur le sainfoin en maturité surtout; la variété *B*, à Castelnaudary, dans le cimetière. C. C. Les échantillons que je possède ont été ramassés sur la tombe du général Andréossy.

B. Bouche demi-lunaire.

2. HÉLICE DE PISE.

Helix pisana. MULL., *Verm. Hist.*, n.o 255.
Helix rhodostoma. DRAP., *Hist. des Moll.*, pag. 86, pl. 6, fig. 13, 14, 15.
GUALT., *Test.*, t. 2, f. E.

Anim. — Blanchâtre, gris en dessus; collier violâtre; les tentacules d'un gris foncé.

Coq. — Globuleuse, striée; spire de 5 tours arrondis; ouverture un peu plus que semi-lunaire;

péristome non réfléchi, un peu évasé; un fort bourrelet; fente ombilicale recouverte à demi par le bord
columellaire.

Opaque, blanche, diversement fasciée, par des
bandes brunes ou simplement jaunâtres, continues ou
interrompues; le péristome et le bourrelet intérieur
constamment teints en rose.

Longueur, 8 lignes. — Diamètre du dernier tour,
9 lignes.

Habite : — Les champs, sur les plantes sèches, les
vignes, les brousailles, les jardins. C. C. C.

3. HÉLICE VARIABLE.

Helix variabilis. DRAP., *Hist. des Moll.*, page 84, pl. 5,
fig. 11, 12.
Helix neglecta. DRAP., *Hist. des Moll.*, page 108, pl. 6,
fig. 13.
GUALT., *Test.*, t. 2, f. H. L.

Anim. — Pâle ou cendré, d'un gris ardoisé en dessus; collier et tentacules de la même couleur.

Coq. — Globuleuse, un peu conique, striée; spire
de 5 à 6 tours arrondis, le dernier grand proportionnellement; ouverture arrondie, les deux bords
recourbés l'un vers l'autre à leur insertion; péristome
non réfléchi, très-peu évasé; un fort bourrelet intérieur; ombilic très-ouvert.

Opaque, blanche, diversement fasciée par des bandes
brunes et continues; sommet brun; péristome d'un
brun rougeâtre; bourrelet intérieur de la même teinte
ou plus pâle.

Longueur, 6 lignes. — Diamètre du dernier tour,
8 lignes.

Habite : — Avec la précédente ; elle est moins
commune.

Comme son nom l'indique, cette coquille présente de nombreuses
variations de taille et de forme, le plus souvent dues à l'âge. L'ombilic peu évasé d'abord, augmente rapidement par le développement
du dernier tour, ce qui change la physionomie primitive de cette
espèce. C'est alors l'*Helix neglecta* Drap.

4. Hélice ruban.

A. Helix ericetorum. Mull., *Verm. Hist.*, n.º 236.
Helix cœspitum. Drap., *Hist. des Moll.*, page 109,
pl. 6, fig. 14, à 17.
B. Helix ericetorum. Drap., *Hist. des Moll.*, page 107,
pl. 6, fig. 12.
Ericetorum junior.

Anim. — Blanchâtre, d'un gris cendré en dessus.

Coq. — Plus ou moins déprimée, quelquefois presque discoïde, striée ; spire de 6 tours arrondis, le
dernier proportionnel, ou un peu plus grand ; ouverture arrondie, les deux bords recourbés l'un vers
l'autre à leur insertion ; péristome non réfléchi, peu
ou point évasé ; un fort bourrelet intérieur ; ombilic
très-ouvert.

Opaque, blanche ou légèrement fauve, diversement
fasciée par des bandes brunes, ou de petites taches
isolées ; sommet blanc ou brun ; péristome blanc ou
rouge ; bourrelet intérieur présentant ces deux nuances.

Longueur, 6 lignes. — Diamètre du dernier tour,
10 lignes.

Habite : — Avec les précédentes. C. C. C.

On arrive, par des nuances insensibles, de l'*Hélice ruban* à l'*Hélice variable*, de sorte qu'il est souvent impossible de dire à laquelle des deux espèces appartiennent certains individus. Il suffit pour s'en convaincre, de comparer entr'elles les figures de Draparnaud, qui pourtant sont loin de rendre toutes les variations de forme que ces coquilles affectent.

5. HÉLICE STRIÉE.

A. Helix striata. DRAP., *Hist. des Moll.*, page 106, fig. 18, à 20 (représentant deux variétés de coloration).
B. Helix intersecta. POIR., *Prod.*, page 81, n.º 16.
Idem. LAM., *An. S. Vert.*, tom. 6.
Helix striata *B.* DRAP. (*loc. cit.*)
C. Helix rugosiuscula. MICH., *Compl.*, page 14, pl. 15, fig. 11, 12.
Helix striata junior.
Coq. un peu conique.

Hauteur, une demi-ligne. — Diamètre du dernier tour, 3 lignes.

Anim. — Pâle ou grisâtre, le cou, la tête et les tentacules d'un gris noirâtre.

Coq. — Plus ou moins déprimée, fortement striée; spire de 5 tours, le dernier toujours un peu caréné, proportionnel aux autres; ouverture arrondie, à peine plus longue que large, les deux bords recourbés l'un vers l'autre à leur insertion; péristome non réfléchi, peu ou point évasé; bourrelet intérieur saillant; ombilic ouvert.

Opaque, blanche ou grisâtre, diversement fasciée par des lignes brunes continues ou interrompues;

quelquefois marquée de points bruns, disposée dans
le sens des stries, comme les lignes d'un cadran horaire;
péristome blanc ainsi que le bourrelet qui est rarement rose.

Hauteur, 2 lignes et demie, à 3 lignes. — Diamètre du
dernier tour, 5 lignes.

Habite : — Les lieux secs, les pelouses, avec les
précédentes. C. C. La var. *C*, sur les herbes sèches,
sur l'écorce des jeunes peupliers, au *ramier* à Venerque. C. C. C.

L'Helix striata Drap, a été démembrée pour établir plusieurs nou-
velles espèces dont les caractères essentiels manquent absolument ;
tantôt c'est la couleur si variable que les autèurs ont choisie (*H. intersecta*) ; tantôt l'àge de la coquille (*H. rugosiuscula*). L'*H. candidula*
Poir. repose seule sur une modification de forme qui, si elle
est constante, doit constituer, sinon une espèce, au moins une
variété remarquable.

Je dois encore faire remarquer que les trois espèces que je viens
de décrire, (*H. variabilis, H. ericetorum, H. striata*), présentent
autant de bourrelets intérieurs qu'il y a d'arrêts de développement, ce qui les a fait considérer comme des individus complets
à la fin de chacune de ces périodes. Or, comme leur forme
générale est toujours un peu modifiée par ces accroissemens suc-
cessifs, il ne faut pas s'étonner que les auteurs aient pris pour
autant de coquilles distinctes, la même coquille aux différentes phases
de sa vie.

6. HÉLICE DES OLIVIERS.
Helix olivetorum. Gmel., *Syst. Nat.*, 3639.
Helix incerta. Drap., *Hist. des Moll.*, page 109, pl. 13,
    fig. 8, 9.

Anim. — Pâle, le dessus du corps et les tentacules
d'un gris ardoisé.

3

Coq. — Un peu déprimée, très-finement striée;
spire de 5 à 6 tours arrondis, le dernier proportionnel
aux autres; ouverture arrondie, à peine plus longue
que large; les deux bords recourbés l'un vers l'autre à
leur insertion; péristome non réfléchi, tranchant,
non évasé, sans bourrelet intérieur; ombilic ouvert.

Un peu transparente, luisante d'un fauve clair,
blanchâtre en dessous; cette partie est bleuâtre pendant qu'elle contient l'animal.

Hauteur, 7 lignes. — Diamètre du dernier tour,
9 lignes.

Habite : — Les bosquets, sous les haies. C. Coteaux
de Vieille-Toulouse, après la tuilerie; bosquets le
long de la Garonne, après Bourrassol, à Toulouse;
au *riou dé la Fount*, à Venerque.

7. HÉLICE HISPIDE.

Helix hispida. LIN., *Syst. Nat.*, 675.

Id. MULL., *Verm. Hist.*, n.º 268.

DRAP., *Hist. des. Moll.*, page 103, pl. 7, fig. 20, 21, 22.

Anim. — Grisâtre, noirâtre en dessus; tentacules
noirs, déliés.

Coq. — Un peu déprimée; finement striée, hispide; spire de 5 à 6 tours et demi, croissant progressivement, le dernier très-légèrement caréné; ouverture
semi-lunaire plus large que haute; les deux bords
un peu recourbés l'un vers l'autre à leur insertion;
péristome non réfléchi, non évasé; un bourrelet intérieur; ombilic ouvert.

Transparente, cornée ou roussâtre; la carène blanchâtre; hérissée de poils blancs ordinairement très-
courts, droits ou recourbés, tombant avec l'âge.

Hauteur, 2 lignes et demie. — Diamètre du dernier
tour, 4 lignes.

Habite : —Les lieux humides, les broussailles le long
des eaux. C. Très-fréquente dans les sables de l'Ariége
et de la Garonne.

8. Hélice cellerière.
Helix cellaria. Mull. , *Verm. Hist.*, n.° 230.
Helix nitida. Drap., *Hist. des Moll.*, pag. 117, pl. 8,
    fig. 23 à 25. (*non* Mull.)
Gualt., *Test.*, t. 2, f. 6.

Anim. — Blanchâtre, d'un gris bleuâtre en dessus,
ainsi que les tentacules.

Coq. — Déprimée, très-finement striée; spire de
5 tours arrondis, le dernier plus grand proportionnellement aux autres; ouverture plus que semi-
lunaire, plus haute que large; les deux bords recourbés l'un vers l'autre à leur insertion ; péristome non
réfléchi, tranchant, non évasé, sans bourrelet intérieur;
ombilic ouvert.
    Transparente, luisante, d'un fauve très-clair, d'un
blanc opaque en dessous, un peu bleuâtre lorsqu'elle
contient l'animal.

Hauteur, 3 lignes. — Diamètre du dernier tour, 7
lignes.

Habite : — Les lieux frais, C. C. C., le long des
murs, des haies, sous les pierres.

9. Hélice luisante.
Helix nitida. Mull., *Verm. Hist.*, n.° 234.

Helix Lucida. Drap., *Hist. des Moll.*, pag. 103 , pl. 8, fig. 11 , 12 (*non* Mull.)

Anim. — D'un gris ardoisé en dessus.

Coq. — Un peu déprimée, très-finement striée ; spire de 5 tours arrondis, le dernier un peu plus grand proportionnellement ; ouverture très-arrondie ; les deux bords très-rapprochés à leur insertion ; péristome non réfléchi, tranchant, non évasé, sans bourrelet intérieur ; ombilic ouvert.

Mince, transparente, luisante, d'un fauve clair en dessus et en dessous.

Hauteur, 1 ligne et demie. — Diamètre du dernier tour, 3 lignes.

Habite : — Les lieux humides, parmi les mousses, sous les feuilles mortes. Dans les jardins, à Toulouse. C.

10. Hélice cristalline.

Helix Crystallina. Mull., *Verm. Hist.*, n.º 223.
Id. Drap., *Hist. des Moll.*, pag. 118, pl. 8, fig. 13, à 20.

Anim. — D'un blanc jaunâtre, un peu grisâtre en dessus.

Coq. — Déprimée, très-finement striée ; spire de 4 tours arrondis, le dernier un peu plus grand proportionnellement ; ouverture demi-arrondie, un peu déprimée ; les deux bords rapprochés à leur insertion ; péristome simple, quelquefois avec un bourrelet intérieur ; ombilic ouvert.

Transparente, mince, fragile, brillante, avec une teinte verdâtre.

Diamètre, 1 ligne et demie

Habite : — Sous les haies (DRAP.). R. R. R.

Les deux échantillons que je possède viennent du Gers. J'ai négligé de désigner la localité précise. A Lauserte, DRAP. (*loc. cit.*).

†† Péristome réfléchi.

A. Péristome réfléchi, non continu.

11. HÉLICE CHAGRINÉE.

Helix aspersa. MULL., *Verm. Hist.*, n.° 253.
Id. DRAP., *Hist. des Moll.*, p. 89, pl. 5, fig. 23.
GUALT., *Test.*, t. 2, f. B.
Helix ligata. MULL. (*loc. cit.*), n.° 252.
GUALT., *Test.*, t. 1, f. E., et t. 1, f. D. (individu jeune).

Anim. — D'un jaune verdâtre en dessus, pâle en dessous; tentacules supérieurs longs, renflés au sommet; les inférieurs courts.

Coq. — Globuleuse, un peu conique, striée et chagrinée; spire de 4 tours arrondis, le dernier très-grand; ouverture ovale-arrondie, régulière, plus haute que large, les deux bords recourbés l'un vers l'autre à leur insertion; le columellaire élargi et déprimé à sa naissance; péristome peu évasé, réfléchi, épaissi à l'intérieur; point d'ombilic.

Épaisse, opaque, grise; fauve ou brunâtre; le fond toujours coupé par des bandes continues ou interrompues, d'une couleur plus foncée; péristome blanc en dedans, fauve en dessus.

Hauteur, 16 lignes. — Diamètre, 13 lignes.

Habite : — Les bois, les haies surtout, les lieux cultivés, les jardins. C. C. C.

Edule. C'est l'espèce qu'ici l'on mange de préférence. — On la prend pour le limaçon des vignes, qui a des dimensions beaucoup plus fortes et qu'on ne trouve point dans nos contrées.

12 HÉLICE VERMICULÉE.

Helix vermiculata. MULL., *Verm. Hist.*, n.° 219.
Idem. DRAP., *Hist. des Moll.*, pag. 96, pl. 6, fig. 7-8.
GUALT., *Test.*, t. 1, f. G.

Anim. — Jaunâtre, grisâtre en dessus.

Coq. — Globuleuse, un peu déprimée, striée et chagrinée ; spire de 5 tours arrondis, le dernier plus grand proportionnellement ; ouverture ovale arrondie irrégulièrement ; les deux bords très-rapprochés à leur insertion ; le columellaire déprimé à sa naissance, présente un rebord saillant, gibbeux, s'étendant jusqu'aux deux tiers de sa longueur ; péristome évasé, réfléchi, très-épaissi à l'intérieur ; point d'ombilic.

Épaisse, opaque, blanche ou légèrement jaunâtre, avec des bandes fauves ou brunâtres, continues ou interrompues (4-5) ; le péristome blanc, même en dessus.

Hauteur, 11 lignes. — Diamètre, 13 lignes.

Habite : — Les vignes, les broussailles, les jardins, R. Vignes à Saint-Orens, près Toulouse ; à Montesquieu sur le Canal, dans une haie ; à l'Ardenne, à Saint-Simon dans les vignes ; à Montferrand (Gers).

Cette espèce est édule et confondue avec la précédente sous le nom
de *Lumac*, par les villageois, qui dans certaines localités, à Venerque par exemple, en font une ample consommation.

Je n'ai pas encore rencontré dans le bassin sous-pyrénéen la variété
sans bandes, parsemée de petits traits blanchâtres, si commune dans
le Bas-Languedoc.

13. Hélice némorale
Helix nemoralis. Lin., *Syst. Nat.*, 691.
Idem. Mull., *Verm. Hist.*, n.° 246.
Idem. Drap., *Hist. des Moll.*, pag. 94, pl. 6, fig. 3,
    4, 5.
List., *Conch.*, t. 57, f. 54.
Gualt., *Test.* t. 1, f. P., t. 2, f. A. D. F.
Argenv., *Conchil.*, t. 28, f 8.
Seb., *Test.* 3, t. 39, f. 19.
Born., *Conch.*, t. 16, f. 3-8.

Anim. — Pâle, la tête et les tentacules cendrés, co-
lier de la même couleur, avec des points plus formés
qui répondent aux bandes que présente la coquille.

Coq. — Globuleuse, un peu conique, striée ; spire
de 5 tours arrondis, le dernier plus grand proportionnellement ; ouverture ovale arrondie, irrégulière, plus haute que large ; les deux bords inclinés
l'un vers l'autre à leur insertion, le columellaire
un peu déprimé, droit, quelquefois gibbeux au milieu ; péristome évasé, réfléchi, un peu épaissi à l'intérieur, sans ombilic.

Épaisse, opaque ; blanche, rose, fauve, le plus
souvent jaune, ordinairement marquée de bandes
brunes ou noires, luisantes, dont le nombre et la proportion varient singulièrement. Le péristome est constamment noir sur les échantillons recueillis dans le
bassin sous-pyrénéen.

Ces divers accidens de coloration ont été exactement décrits et figurés par les conchyliologistes, qui
leur ont donné, sans contredit, beaucoup trop d'importance.

Hauteur, 11 lignes. — Diamètre, 11 à 12 lignes.

Habite : — Les jardins, les haies, surtout les jeunes
bois taillis. C. C. C.

Édule. — Les habitans de la campagne la connaissent sous le nom
de *Religieuse* (*Mounjo, mounjetto,* en patois.)

On rencontre fréquemment dans les Pyrénées une variété de cette
espèce, ayant le péristome et le bourrelet intérieur d'un blanc très-
pur. C'est donc à tort que l'on a choisi la couleur brune de cette
partie de l'ouverture pour la séparer de l'*Helix hortensis.*

Draparnaud avait quelquefois observé chez celle-ci le péristome brunâtre ; il n'a pas moins conservé ses phrases spécifiques, calquées
sur celles de Muller.

Ce dernier auteur, cherchant à maintenir ces deux espèces, a fait
observer, le premier, qu'elles ne s'accouplent jamais ensemble, ce qui
n'est pas exact.

La taille seule, plus petite, sépare l'*Hélice des jardins* de l'*Hélice
némorale.*

14. HÉLICE MARGINÉE.

Helix limbata. DRAP., *Hist. des Moll.,* pag. 100, pl. 6,
    fig. 29.

Anim. — Blanchâtre ou grisâtre ; le pied plus pâle,
les tentacules violacés.

Coq. — Globuleuse, conique, finement striée ; spire
de 6 tours arrondis, le dernier caréné, plus grand
proportionnellement ; ouverture régulière, demi-ovale,
arrondie ; les deux bords inclinés l'un vers l'autre à
leur insertion, le columellaire un peu réfléchi sur la

fente ombilicale; péristome pas sensiblement évasé, réfléchi; bourrelet à l'intérieur saillant; ombilic étroit.

Mince, transparente, cornée, un peu brunâtre; la carène du dernier tour et le bourrelet blancs.

Hauteur, 6 ligne. — Diamètre, 7 lignes.

Habite: — Le long des murs, sous les pierres, dans les haies, les broussailles. C. C. C.

15. HÉLICE BIMARGINÉE.

Helix Carthusianella. DRAP., *Hist. des Moll.*, pag. 101, pl. 6, fig. 31, 32.
B. Bord columellaire sinué.
C. Helix Carthusianella minor. DRAP., *Hist. des Moll.*, pag. 101; pl. 7, fig. 3, 4.
Helix (Helicella) Olivieri. FÉR., *Prod.*, p. 43, n.° 255, Var. G.
Helix olivieri. MICH., *Compl.*, pag. 25.
Coq. constamment plus petite; ouverture arrondie.

Anim. — Blanchâtre, grisâtre en dessus; le tortillon piqué de fauve et de noir.

Coq. — Sub-déprimée, finement striée; spire de 6 tours arrondis, le dernier plus grand proportionnellement; ouverture demi-ovale; les deux bords plus ou moins convexes, inclinés l'un vers l'autre à leur insertion, le columellaire plus long, très-peu réfléchi sur la fente ombilicale, péristome pas sensiblement évasé, peu réfléchi; bourrelet intérieur, saillant; ombilic très-étroit.

Solide, mince, plus ou moins transparente, luisante, cornée ou blanchâtre, souvent avec une teinte fauve sur la fin du dernier tour; péristome brunâtre;

bourrelet intérieur blanc, sa couleur apparente en dehors.

Hauteur, 3 à 3 lignes et demie. — Diamètre, 6 lignes.

La var. *B*, Hauteur, 2 lignes. — Diamètre 4 à 4 lignes et demie.

Habite : — Les champs, les jardins. C. C. C. La var. avec l'espèce. C.

La taille de cette coquille varie depuis six lignes de diamètre jusqu'à quatre. Je rapporte l'*Helix olivieri* Fér. aux individus offrant cette dernière dimension.

Cette variété de l'*Hélice bimarginée* n'a été signalée jusqu'ici que sur la plage de la Méditerranée. Elle n'est pas rare à Toulouse.

16 Hélice chartreuse.

Hélix carthusiana. Mull., *Verm. Hist.*, n.° 214.
Idem. Drap., *Hist. des Moll.*, pag. 102, pl. 6, fig. 33

Anim. — Blanchâtre ou grisâtre en dessus.

Coq. — Sub-déprimée, un peu globuleuse, finement striée; spire de 5 tours arrondis, croissant progressivement; ouverture demi-arrondie; les deux bords un peu inclinés l'un vers l'autre à leur insertion, le columellaire un peu plus long, réfléchi sur la fente ombilicale; péristome légèrement évasé, réfléchi; bourrelet intérieur épais.

Solide, mince, transparente, cornée ou blanchâtre; péristome blanc, ainsi que le bourrelet qui est apparent en dehors.

Hauteur, 4 lignes. — Diamètre, 6 lignes.

Habite : — Les jardins à Toulouse. R. R.

18. Hélice planorbe.

Helix obvoluta. Mull. , *Verm. Hist.* , n.° 229.
Id. Drap., *Hist. des Moll.* , page 112, pl. 7, fig. 27,
28, 29.
Helix trigonophora. Lam. , *Journ. d'hist. nat.*, pl. 42,
fig. 2.
Gualt. , *Test.* , t. 2, f. S.

Anim. — Grisâtre, presque noir en dessus , ainsi
que les tentacules.

Coq. — Discoïde, la face supérieure un peu concave au centre, très-finement striée , hérissée de longs
poils, glabre et luisante après leur chute ; spire de
6 tours arrondis, croissant progressivement ; ouverture triangulaire à angles arrondis, les deux bords
égaux , légèrement inclinés l'un vers l'autre à leur
insertion; péristome épais évasé, très-réfléchi ; ombilic
très-ouvert.

Solide, épaisse, un peu transparente, fauve ou
jaunâtre ; péristome blanc ou légèrement rosé sur les
deux faces.

Hauteur , 2 lignes et demie. — Diamètre, 5 à 6 lignes.

Habite : — Les bois des collines , dans les lieux bas
et humides. C.

B. Péristome réfléchi continu ou presque continu.

19. Hélice mignone.

Helix pulchella. Mull., *Verm. Hist.* , n.° 232.
Helix pulchella. Drap., *Hist. des Moll.*, page 112, pl. 7,
fig. 30, à 32.

Anim. —Gélatineux, d'un blanc jaunâtre, quelquefois soufré ; tentacules très-courts.

Coq. — Déprimée , finement striée ; spire de 4 tours arrondis , le dernier un peu plus grand ; ouverture arrondie, les deux bords presque réunis ; péristome épais, évasé , réfléchi ; ombilic très-ouvert.

Mince, presque trasparente, grisâtre ou brunâtre ; péristome blanc.

Diamètre , 1 ligne.

Habite : — Les lieux humides ; parmi les mousses au pied des arbres , dans tous les bois. C. C. C.

20. HÉLICE LAMPE.

Helix lapicida. LIN., *Syst. Nat.*, 656.
Id. MULL., *Verm. Hist.* , n.º 240.
Id DRAP., *Hist. des Moll.* , page 111 , pl. 7 , fig. 35, à , 37.
Caracolla lapicida. LAM., *Ant. S. Vert.*, tom. 6, 2 part., page 99.
LIST., *Conch.* , t. 69 , f. 68.

Anim. —Noirâtre plus foncé en dessus.

Coq. — Déprimée , un peu convexe sur les deux faces; stries transversales apparentes , coupées par de plus petites stries flexueuses; spire de 5 tours aplatis, croissant progressivement, le dernier fortement caréné ; ouverture ovale-elliptique ; péristome continu, mince, évasé, le bord columellaire seul un peu réfléchi ; ombilic ouvert.

Solide, épaisse , très-peu transparente , cornée ou

brunâtre, avec des taches rougeâtres ; péristome d'un blanc sale sur les deux faces.

Hauteur, 3 lignes. — Diamètre, 7 lignes.

Habite : — Les lieux frais et montueux ; de préférence sur les rochers humides. C. A Lavaur, le long de l'Agout, à Gimont, à Auch, à Castelnau-Barbarens, etc.

21. HÉLICE CORNÉE.

Helix cornea. DRAP., *Hist. des Moll.*, page 110, pl. 8, fig. 1 à 3.

Anim. — Noirâtre, surtout en dessus.

Coq. — Déprimée, finement striée ; spire de 5 tours, croissant progressivement, le dernier un peu caréné en dessus ; ouverture ovale-arrondie ; péristome presque continu, épais, évasé, réfléchi ; ombilic ouvert.

Solide, épaisse, un peu transparente, cornée, brunâtre, avec une bande rouillée sur le dernier tour ; péristome blanc, souvent rougeâtre intérieurement.

Hauteur, 3 lignes. — Diamètre 7 lignes.

Habite : — Les lieux ombragés sur les rochers. R. A Castelnau-Barbarens (Gers), où elle a été découverte par mon ami Lacaze.

GENRE XII.

BULIME, *Bulimus.*

BRUG. *Helix*, LIN. MULL. *Bulimus*, CUV. DRAP. BLAINV. LAM.

Helix. (*Cochlicella* et *Cochlogena*) Fér.

Anim. — Ne diffère point de celui des *Hélices.*

Coq. — Dextre, ovale-oblongue ou turriculée ; dernier tour de spire renflé, plus grand que le pénultième ; ouverture oblique, ovale contiguë à l'axe de la coquille, ni dentée, ni plissée ; les deux bords désunis par la saillie de l'avant-dernier tour ; péristome droit ou réfléchi ; point de bourrelet ou n'existant que sur le bord latéral seulement ; columelle sans troncature à sa base.

La coquille des *Bulimes* diffère de celle des *Hélices* par sa forme générale plus allongée, quelquefois turriculée ; de celle des *Maillots* par l'ouverture dépourvue de dents et de plis ; de celle des *Agathines* par la base de la columelle sans troncature.

† Bord columellaire un peu réfléchi sur l'ombilic.

1. BULIME VENTRU.

Helix acuta. MULL., *Verm. Hist.*, n.⁰ 297.
Bulimus acutus. BRUG., *Encyclop.*, n.⁰ 42.
Bulimus ventricosus. DRAP., *Hist. des Moll.*, page 78, pl. 4, fig. 31, 32.
GUALT., *Test.*, t., f. L. N.
LIST., *Conch.*, t. 19., (la figure intérieure.)

Anim. — Grisâtre ou un peu fauve.

Coq. — Conique-allongée, striée ; spire de 7 tours convexes, le dernier renflé ; sommet légèrement obtus ; ouverture arrondie, à peine plus haute que large, péristome tranchant ; point de bourrelet intérieur ; ombilic peu apparent.

Épidermée, opaque, grisâtre ou fauve, le plus souvent avec une bande brune transparente qui n'est point visible à l'intérieur.

Longueur, 4 à 6 lignes. — Diamètre du dernier tour, 2 à 2 lignes et demie.

Habite : — Sous les feuilles mortes, sous les herbes desséchées. R. Sur la butte du Jardin-des-Plantes. C. A Venerque, à la roche de Saint-Brice. R.

2. Bulime aigu.

Bulimus acutus. Drap., *Hist. des Moll.*, pag. 77, pl. 4, fig. 29-30.
Non Bulimus acutus. Mull., *loc. cit.* nec. Brug., *loc. cit.*
List., *Conch.* t. 19, (la figure extérieure) et t. 20, f. 15.

Coq. — Conique-allongée, striée; spire de 7-9 tours, arrondis, saillans, le dernier proportionnellement grand, sommet un peu aigu; ouverture ovale-arrondie, plus longue que large; péristome tranchant; point de bourrelet intérieur; ombilic peu apparent.

Épidermée, opaque, grisâtre ou légèrement fauve; quelquefois avec une bande opaque d'un rouge foncé, qui, le plus souvent, n'est apparente que sur le dernier tour, et visible à l'intérieur.

Longueur, 5 à 8 lignes. — Diamètre du dernier tour, 2 et demie à 3 lignes.

Habite : — Les prairies, les pelouses sur les pentes. On la trouve sous l'herbe, C. C., le long du canal du Midi, sous le gazon qui le borde. C.

Cette espèce, voisine de la précédente, s'en éloigne par sa forme plus allongée, croissant progressivement. Les tours de spire sont plus saillans, le dernier moins grand.

Les deux figures de Lister , *loc. cit.* pl. 19 , doivent être rapportées chacune à une de ces deux espèces , leurs ouvertures et leur forme générale conviennent parfaitement à nos coquilles. La fig. 15 , pl. 20 , représente la grande variété du *Bulime aigu.*

3. BULIME DÉCOLLÉ.

Helix decollata. LIN. , *Syst. Nat.* , 695.
Idem. MULL. , *Verm Hist.* , n.º 314.
Bullimus decollatus. BRUG. , *Enclyc.* , n.º 314.
Idem. DRAP. , *Hist. des Moll.*, page 76 , pl. 4 , fig. 27, 28.
GUALT. , *Test.* , t. 4 , f. O , P, Q.
LIST. , *Conch.* , t. 17 , f. 12.
D'ARGENV. , *Conch.* , t. 31 , f. 5.

Coq. — Conique-allongée , finement striée ; spire de 5 à 7 tours peu convexes ; le dernier proportionnel , beaucoup plus grand chez les jeunes ; sommet tronqué sur les adultes , terminé par un renflement arrondi sur les jeunes ; ouverture ovale-oblongue ; péristome épaissi , un peu évasé , non réfléchi ; bourrelet intérieur sur le bord latéral ; une inflexion marquée sur l'avant-dernier tour venant du bord columellaire ; ombilic très-peu apparent.

Sans épiderme ; luisante , épaisse , cornée ou faiblement fauve , transparente dans le jeune âge.

Longueur , 16 lignes. — Diamètre du dernier tour , 5 lignes.

Selon Draparnaud, si la coquille de ce *Bulime* conservait tous les tours de spire, on en compterait de 14 à 15. Le sommet, toujours tronqué sur les adultes , est exactement fermé par une cloison à développement spiral. Le tortillon abandonne donc les tours les plus anciens pour occuper ceux de nouvelle formation. Il est aisé de comprendre avec quelle facilité doivent être détruites les portions successivement abandonnées par l'animal.

4. BULIME BRILLANT.

Helix subcylindrica. LIN., *Syst. Nat.*, 696.
Helix lubrica. MULL., *Verm Hist.*, n.° 303.
Bulimus lubricus. BRUG., *Ecycl.*, n.° 23.
Idem. DRAP., *Hist. des Moll.*, page 75, pl. 4, fig. 24.
Achatina lubrica. MICH., *Compl.*, page 51.

Anim. — Noir en dessus ainsi que les tentacules, blanchâtre en dessous.

Coq. — Ovale-allongée, sans stries apparentes; spire de 5 à 6 tours arrondis, le dernier un peu plus grand; sommet obtus; ouverture ovale; péristome épaissi, non réfléchi; point de bourrelet; point d'ombilic.

Sans épiderme; très-luisante, solide, transparente, cornée, d'un jaune clair, ou un peu brunâtre.

Longueur, 3 lignes. — Diamètre du dernier tour, 1 ligne.

Habite : — Les lieux frais et humides, sous les feuilles mortes, parmi les mousses, dans les bois. C. C. C. Il est très-abondant dans les alluvions de nos rivières.

Ce *Bulime* ne peut, en aucune façon, prendre place parmi les *Agathines*, il ne présente pas la troncature qui caractérise ce genre. Il n'est pas non plus exact de dire qu'il soit le seul luisant, et sans véritable épiderme (*Mich.*); car le *Bulime décollé*, qui est luisant, n'est pas épidermé. Cette dernière espèce offre d'ailleurs comme le *Bulime brillant* un angle assez marqué à la place qu'occupe la troncature chez les véritables *Agathines*. Il faudrait, si l'opinion de M. Michaud prévalait, distraire aussi cette espèce des *Bulimes*. Mieux vaut les considérer l'une et l'autre comme unissant les *Bulimes* aux *Agathines*. Il en est de même du *Bulime follicule*, que la taille seule un peu plus forte, sépare du *Bulime brillant* dont il est une variété.

4.

GENRE XIII.

AGATHINE, *Achatina.*

Lam. Blainv. *Helix (cochlicopa),* Fér.

Anim. — Semblables à celui des *Hélices.*

Coq. — Dextre, ovale-oblongue ou turriculée ; le dernier tour de la spire plus grand que le pénultième ; ouverture droite ovale, contiguë à l'axe de la coquille, ni dentée ni plissée ; les deux bords désunis par la saillie de l'avant-dernier tour, le bord droit constamment tranchant ; péristome non réfléchi ; point de bourrelet intérieur ; columelle tronquée à sa base.

1. Agathine aiguillette.

Buccinum acicula. Mull., *Verm. Hist.,* n.° 340.
Bulimus acicula. Brug., *Encycl.,* n.° 22.
Idem. Drap., *Hist. des Moll.,* pag. 75, pl. 4, fig. 25, 26.
Achatina acicula. Lam., *An. S. Vert.,* tom. 6, 2.ᵉ part.
　　pag. 133.

Anim. — Blanchâtre, tentacules filiformes.

Coq. — Très-alongée, sans stries apparentes ; spire de 6 tours peu convexes, le dernier plus grand ; sommet obtus ; ouverture ovale-oblongue ; péristome simple, non réfléchi ; columelle un peu évasée au milieu ; point de bourrelet ; point d'ombilic.
　　Sans épiderme ; très-luisante, transparente, blanche ou cornée.

Longueur, 2 lignes et demie — Diamètre du dernier
　　tour, demi-ligne.

Habite : — Les lieux frais, de préférence sous les

haies, sous le gazon, sous les pierres. C. C. C. Elle est surtout fréquente dans les alluvions.

La figure citée de GUALT., a été rapportée par LINNÉ à son *Helix octona*, *Syst. Nat.* 698 ; mais elle ne peut convenir à cette espèce qu; est, d'après la phrase spécifique, sub-perforée et dont la bouche est presque orbiculaire.

GENRE XIV.

MAILLOT, *Pupa.*

DRAP. *Helix*, LIN. MULL. *Bulimus*, BRUG. LAM. BLAINV. *Helix* (*cochlodonta*), FÉR.

Anim. — Semblable à celui des *Hélices*, les premiers tentacules très-courts.

Coq. — Dextre ou sénestre, cylindracée, fusiforme ou conique; tours de spire à peu près égaux, ou croissant progressivement; ouverture droite, demi-ovale, contiguë à l'axe de la coquille, le plus souvent munie de dents ou de petites lames; les deux bords désunis par la saillie de l'avant-dernier tour, plus ou moins rapprochés à leur insertion ; columelle sans troncature à sa base.

† Coquille courte, à peu près cylindrique.

1. MAILLOT MOUSSERON.

Turbo muscorum. LIN., *Syst. Nat.*, 651.
Helix muscorum. MULL., *Verm. Hist.*, n.° 304.
Pupa muscorum. DRAP., *Hist. des Moll.*, pag. 59, pl. 3, fig. 26, 27.
Vertigo muscorum. MICH., *Compl.*, pag. 70.

Anim. — Pâle; tête un peu grisâtre ; tentacules inférieurs rudimentaires.

Coq. — Dextre, peu allongée, presque cylindrique ,
sans stries apparentes; spire de 6-7 tours presque
égaux entr'eux; sommet très-obtus; ouverture régulière, demi-ovale, simple ou avec 1-2 petites lames
sur la columelle; péristome peu réfléchi.

Cornée, fauve, transparente; péristome blanc.

Hauteur, 1 ligne au plus. — Diamètre, demi-ligne.

Habite : — Les lieux frais, parmi les mousses,
sous les feuilles mortes. C. C. C. Les alluvions de
toutes nos rivières. C. C. C.

2. MAILLOT ANTI-VERTIGO

Pupa anti-vertigo. DRAP., *Hist. des Moll.*, pag. 60 ,
     pl. 3, fig. 32, 33.
Vertigo anti-vertigo. MICH., *Compl.* , pag. 72

Anim. — Pâle, grisâtre en dessus; la tête et les
tentacules supérieurs plus foncés, les inférieurs
rudimentaires.

Coq. — Dextre, courte, ovale, presque cylindrique,
sans stries apparentes; spire de 5 tours presque égaux ,
le dernier un peu plus grand; sommet très-obtus;
ouverture irrégulière, demi-ovale, avec 7 petites lames,
(3 supérieures et 4 inférieures); bord latéral avec
un angle arrondi à son insertion; péristome peu
réfléchi.

Cornée, fauve, transparente; péristome de la même
couleur.

Longueur, un peu moins de 1 ligne. — Diamètre
du dernier tour, demi-ligne.

Habite : — Avec le précédent. C. C. C. Les alluvions. C. C. C.

3. MAILLOT BORDÉ.

Pupa marginata. DRAP., *Hist. des Moll.*, page 61, pl. 3,
fig. 36 à 38.

Anim. — Pâle ; la tête et les tentacules grisâtres.

Coq. — Dextre, courte, ovale-cylindrique, sans
stries apparentes ; spire de 6 tours presque égaux,
le dernier à peine plus grand ; sommet très-obtus ;
ouverture régulière, demi-ovale, avec une lame sur
le milieu de la columelle ; péristome réfléchi, avec
un bourrelet en dehors.
Solide, brunâtre, un peu transparente ; bourrelet
intérieur blanc, l'extérieur blanc le plus souvent.

Longueur, un peu plus de 1 ligne. — Diamètre
du dernier tour, trois quarts de ligne.

Habite : — Avec les deux espèces précédentes.
C. C. C.

+ + Coquille conique ou fusiforme.

A. Ouverture à droite.

4. MAILLOT GRAIN.

Pupa granum. DRAP., *Hist. des Moll.*, page 63, pl. 3,
fig. 45, 46.

Anim. — Pied pâle, la tête et les tentacules noirâtres.

Coq. — Dextre, oblongue cylindrico-conique,
sans stries apparentes ; spire de 7 tours, les 4
derniers égaux entr'eux ; sommet un peu obtus ; ouverture régulière, demi-ovale, avec quatre plis (dont

deux supérieurs et deux inférieurs) ; péristome peu réfléchi.

Fauve, un peu transparente ; péristome blanc.

Longueur, de 2 à 2 lignes et demie. — Diamètre, moins de 1 ligne.

Habite : — Les lieux frais, sous les mousses, sous les feuilles mortes. C. C. C. Les alluvions de toutes nos rivières. C. C. C.

5. MAILLOT SEIGLE.

Pupa cecale. DRAP., *Hist. des Moll.*, page 64, pl. 3, fig. 49, 5o.

Anim. — Blanchâtre ; tentacules inférieurs bien visibles.

Coq. — Dextre, oblongues, cylindrico-conique, sans stries apparentes ; spire de 9 tours, les derniers presque égaux entr'eux ; sommet un peu obtus; ouverture presque régulière, demi-ovale, avec 7-8 petites lames (dont 2 sur la columelle et 2-3 sur le bord columellaire) ; bord latéral avec un léger angle arrondi à son insertion; péristome réfléchi.

Cornée, fauve, peu transparente; péristome blanc.

Longueur, 3 lignes. — Diamètre du dernier tour, 1 ligne.

Habite : — Avec les précédentes, C. C. C. ; plus rare dans les alluvions.

6. MAILLOT VARIABLE.

Pupa variabilis. DRAP., *Hist. des Moll.*, page 66, pl. 3, fig. 55, 56.

Anim. —Blanchâtre , rarement gris en dessus.

Coq. —Dextre , ovale-allongée , quelquefois un peu fusiforme ; stries apparentes ; spires de 9-10 tours , les 3 derniers plus grands , égaux entr'eux ; sommet un peu aigu ; ouverture régulière , demi-ovale , avec 5-6 petites lames (dont 2 inférieures et 4 supérieures) ; péristome épais réfléchi.

Cornée , brunâtre , transparente et luisante ; le péristome d'un blanc de lait.

Hauteur , 4-5 lignes.—Diamètre des derniers tours , 1 ligne et demie.

Habite : —Les lieux humides , sous les feuilles mortes , bois des Maurices à Venerque (Haute-Garonne) , R. ; au pied dés murs exposés au nord , à Lanta (Haute-Garonne) , R.

B. *Ouverture à gauche.*

7. MAILLOT QUADRIDENTÉ.

Pupa quadridens. DRAP., *Hist. des Moll.* ; pag 67 , pl. 4 , fig. 3.

Anim. —Blanchâtre ; tentacules inférieurs très-apparens.

Coq. — Sénestre , ovale-oblongue , très-finement striée ; spire de 7-8 tours , les 3 derniers plus grands , égaux entr'eux ; sommet très-obtus ; ouverture presque régulière , demi-ovale , avec quatre dents (dont une sur la columelle , deux sur le bord columellaire , l'autre sur le bord latéral) ; péristome épais , réfléchi.

Cornée, fauve, transparente, un peu luisante ; péristome blanc.

Longueur, 4 lignes. — Diamètre des derniers tours, 2 lignes.

Habite : — Sous les mousses, au pied des arbres, sous la roche de Saint-Briec, à Venerque. R. R. R. ; une fois dans les alluvions du Touch, entre Saint-Martin et Blagnac, près Toulouse.

8. MAILLOT FRAGILE.

Pupa fragilis. DRAP., *Hist. des Moll.*, page 68, pl. 4, fig. 4.

Anim. —Grisâtre ; la tête et les tentacules d'une couleur plus foncée.

Coq.—Sénestre, conique-allongée, striée ; spire de 9-10 tours, croissant en proportion ; sommet allongé, obtus ; ouverture régulière, demi-ovale simple, ou avec une dent courte sur la columelle ; péristome mince, quelquefois un peu sinueux, évasé, non réfléchi.

Fragile, brunâtre, transparente ; péristome de la même couleur.

Longueur, variable de 4 à 5 lignes et demie. — Diamètre du dernier tour, 1 ligne.

Habite : — Les murs à Toulouse, R. ; sous l'écorce des vieux saules. C. C. C.

GENRE XV.

CLAUSILIE, *Clausilia.*

DRAP. CUV. LAM. BLAINV. *Helix*, LIN. MULL. *Bulimus*, BRUG. *Helix (cochlodina)*, FÉR.

Anim. —Semblable à celui de Maillots.

Coq. — Sénestre, cylindracée ou fusiforme ; tours de spire croissant progressivement ; ouverture droite, ovale, contiguë à l'axe de la coquille, avec des lames dont une en opercule élastique sur la columelle (*osselet*, Drap.) ; péristome, le plus souvent continu, réfléchi ; un bourrelet intérieur ; columelle sans troncature à sa base.

1. Clausilie ventrue.

Clausilia ventricosa. Drap., *Hist. des Moll.*, page 7, pl. 4, fig. 14.
A. Minor.
Taille d'un quart plus petite.

Anim. — Grisâtre, avec deux lignes noires sur le cou.

Coq. — Allongée, fusiforme, ventrue, stries longitudinales très-prononcées ; spire de 12 à 13 tours, le pénultième plus grand que le dernier ; sommet allongé, obtus, un peu renflé ; ouverture irrégulière, ovale, avec deux lames sur la columelle ; péristome évasé, fortement réfléchi, formant un angle étroit, allongé, à sa réunion au bord latéral.
Solide, brunâtre, un peu transparente.

Longueur, 8 lignes, celle de la var. *B*, 6 lignes. — Diamètre du ventre, 2 lignes, celui de la var., un peu moindre.

Habite : — Sous l'écorce des vieux saules. R. La variété plus petite, dans les alluvions de l'Ariége, à Venerque.

2. CLAUSILIE RUGEUSE.

Clausilia rugosa. DRAP., *Hist. des Moll.*, page 73, pl. 4, fig. 19-20.

B. c. Rugosa minor. DRAP., (*loc. cit.*)

Clausilia parvula. MICH., *Compl.*, page 57, pl. 15, fig. 21, 22.

Anim. — D'un gris foncé ou noirâtre.

Coq. — Allongée, peu fusiforme; stries longitudinales apparentes; spire de 7-10 tours (12-13 dans le type. DRAP.), le pénultième à peine plus grand que le dernier; sommet allongé, obtus; ouverture irrégulière, ovale, avec deux petites lames sur la columelle; péristome évasé, réfléchi formant un angle court, arrondi à sa réunion avec le bord latéral qui présente une saillie en cet endroit.

Brunâtre ou un peu fauve, transparente.

Hauteur, 5-6 lignes, quelquefois moins. — Diamètre, trois-quarts de ligne.

Habite : — Les lieux frais, sous les mousses, sous les feuilles mortes, sous l'écorce des vieux arbres; elle vit aussi attachée aux rochers ombragés et humides. C. C. C. Les alluvions. C.

La forme générale de cette coquille varie fort peu, elle est néanmoins un peu plus ventrue proportionnellement sur les individus moins allongés.

Je n'ai pas trouvé jusqu'à ce jour la grande variété qui forme le type de cette espèce; c'est donc la *Rugosa minor* de Draparnaud, érigée depuis en espèce, que nous possédons, si abondante, dans le bassin sous-pyrénéen.

Les genres qui composent, par leur réunion, la famille des *Escargots* constituent un groupe naturel que M. de Férussac comprend sous la dénomination générale d'*Hélice*. Les animaux ne diffèrent pas essentiellement entr'eux, il a donc fallu, pour les séparer, recourir aux caractères plus ou moins tranchés de la coquille; de là ces genres nombreux établis sur des modifications la plupart difficiles à saisir. Comme ils sont d'ailleurs généralement adoptés, j'ai cru devoir les conserver dans ce travail.

FAMILLE TROISIÈME.

LES AURICULACÉS. Blainv.

Les Auricules. Fér.

Anim. — Allongé; tortillon spiral; cou entouré d'un collier; deux tentacules; yeux à leur base ou près de leur base; orifice de la cavité pulmonaire à la partie antérieure du collier; anus près de l'orifice de cette cavité; organes générateurs réunis ou distans.

Coq. — Complète, spirale; ouverture dentée ou sans dents.

GENRE XVI.

CARYCHIE, *Carychium.*

Mull. *Bulimus*, Brug. *Auricula*, Drap. Lam. *Carychium*, Fér.

Anim. — Allongé, spiral; deux tentacules, remflés au sommet; yeux à leur base postérieure; pied ovale, entier; mufle proboscidiforme; orifices pulmonaire et anal à droite, sur le collier.

Coq. — Dextre, oblongue ou cylindracée; dernier tour de spire plus grand que le pénultième; ouverture dentée ou plissée, contiguë à l'axe de la coquille; les deux bords désunis par la saillie de l'avant-dernier

tour; péristome réfléchi ; un bourrelet intérieur ;
columelle sans troncature à sa base.

1. CARYCHIE PIGMÉE.

Carychium minimum. Mull., *Verm. Hist.*, n.º 321.
Auricula minima. Drap., *Hist. des Moll.*, page 57 ,
pl. 3, fig. 18, 19.

Anim. — pâle, d'un fauve jaunâtre ou de couleur
soufrée. (Drap.)

Coq. — Ovale-oblongue, lisse; spire de 5 tours, le
dernier plus grand en proportion; ouverture un peu
ovale; péristome évasé, réfléchi; bourrelet intérieur
prononcé ; une dent sur la columelle et une sur
chaque bord.

Diaphane, lisse, luisante, jaunâtre pendant qu'elle
contient l'animal, d'un blanc pur lorsqu'elle est vide;
bourrelet intérieur blanc.

Longueur, trois-quarts de ligne. — Diamètre, un
huitième de ligne.

Habite : — Les lieux frais, parmi les mousses,
sous les feuilles mortes. C. C. C. Les alluvions de
la Garonne, de l'Ariége, du Tarn, de l'Agout. C. C. C.

ORDRE DEUXIÈME.

PULMONÉS OPERCULÉS. Fér.

Anim. — Rampant sur un pied; cou dépourvu de
collier ; cavité respiratoire recevant l'air, en nature,
par un orifice particulier pratiqué au-dessus de la
tête; organes générateurs sur des individus différens.

Coq. — Complète, spirale, operculée.

. Ce groupe, formé par M. de Férussac, a été distrait des *Pectinibranches* de Cuvier. De même que les *Pulmonés terrestres inoperculés,* ceux-
ci respirent l'air élastique, mais le réseau vasculaire qui tapisse , en
relief leur cavité respiratoire , et surtout la séparation des sexes sur des
individus divers, rapprochent ces animaux des véritables *Branchifères.*
On peut dire qu'ils unissent les *Pulmonés* aux *Pectinibranches.* Ce rapprochement n'avait pas échappé à la rare sagacité de Muller.

Voilà , certes , une nouvelle exception bien propre à frapper l'esprit.
Par quelle loi des animaux munis d'un appareil propre aux Mollusques
qui respirent l'air par l'intermédiaire de l'eau , qu'ils habitent continuellement, rampent-ils à la surface du sol, tandis que d'autres
pourvus d'un véritable poumon (les *Pulmonés aquatiques*) vivent
dans l'eau , forcés qu'ils sont de venir de temps en temps respirer
l'air en nature à la surface du liquide?

FAMILLE PREMIÈRE.

TURBICINES. Fér.

Trachélipodes colimacés. Lam.

Anim. — Allongé, corps demi-cylindrique; tortillon spiral; cou sans collier; deux tentacules contractiles; yeux à leur base externe.

Coq. — Spirale, conoïde, diversement allongée;
ouverture à bords continus.

Operc. — Calcaire.

GENRE PREMIER.

CYCLOSTOME, *Cyclostoma.*

Lam. Drap. Blainv. Fér. *Turbo,* Gmel. *Nerita*, Mull.

Anim. — Tête proboscidiforme ou en trompe; bouche sans dents; deux tentacules cylindracés, subulés

ou un peu renflés au sommet, oculés à leur base externe; pied allongé; cavité pulmonaire s'ouvrant par
une large fente à la partie supérieure de la base du
cou; organes sexuels du côté droit du cou, le mâle
très-développé, indiqué par un pseudo-tentacule.

Coq. — Dextre, conoïde ou turriculée; sommet
mamelonné; ouverture presque ronde, à bords continus ou presque continus; péristome simple ou réfléchi.

Operc. — Calcaire, à développement spiral.

1. CYCLOSTOME ÉLÉGANT.

Nerita elegans. MULL., *Verm. Hist.*, n.° 363.
Cyclostoma elegans. DRAP., *Hist. des Moll.*, pag. 32,
    pl. 1, fig. 5 à 8.
LIST., *Conch.*, t. 27, f. 25.
GUALT., *Test.*, t. 4, f. A. B. (*pas bien*).
D'ARGENV., *Conch.*, t. 9, f. 9, t. 28, f. 11, 12 (*mal*).

Anim. — Noirâtre, grisâtre en dessous; tentacules
renflés à leur sommet; bouche allongée en trompe.

Coq. — Ovale-conique, striée longitudinalement et
traversalement; spire de 5 tours arrondis, le dernier
très-grand; ouverture arrondie; les deux bords continus et formant un très-petit angle en se réunissant;
péristome simple, à peine réfléchi sur la fente ombilicale.
    Solide, opaque, grise, violâtre ou un peu rousse;
sur ces divers fonds paraissent souvent de petits points
noirâtres, répandus sans ordre, ou rangés sur deux
lignes parallèles, suivant les tours de la spire.

Longueur, 6 à 7 lignes. — Diamètre du dernier tour, 4 lignes.

Habite : — Les lieux frais, sous les mousses, sous les feuilles mortes. C. C. C.

2. CYCLOSTOME OBSCUR.

Cyclostoma obscurum. DRAP., *Hist. des Moll.*, pag. 39, pl. 1, fig. 13.

Anim. — Noirâtre en dessus, plus pâle en dessous ; les tentacules visiblement subulés ; bouche allongée en trompe.

Coq. — Oblongue-conique, fortement striée longi-tudinalement ; spire de 8 à 9 tours arrondis, croissant progressivement, le dernier un peu caréné ; ouverture presque arrondie, anguleuse supérieurement ; les deux bords continus ; péristome dilaté, anguleux, plane, réfléchi sur la fente ombilicale.
Solide opaque, brunâtre, fauve ou grisâtre.

Longueur, 4 lignes et demie. — Diamètre du dernier tour, 2 lignes et demie.

Habite : — Les lieux ombragés et continuellement humides ; les bois des coteaux exposés au nord C. ; à Pech-David, sous Vieille-Toulouse C. C. ; à Lavaur, à Saint-Frajou (Haute-Garonne), à Montesquieu sur le Canal.

Cette jolie espèce n'avait été, je crois, indiquée que dans la France septentrionale. Elle est commune dans notre bassin.

SOUS-CLASSE II.

BRANCHIFÈRES.

Respirent l'air par l'intermédiaire de l'eau, à l'aide d'un véritable appareil branchial.

ORDRE PREMIER.

BLANCHIFÈRES OPERCULÉS.

Pectinibranches, Cuv. Trachelipodes, LAM. Chismo-branches, BLAINV.

Anim. — Rampant sur un pied; plafond de la cavité, respiratoire tapissé de branchies, en forme de peigne, recevant l'air mêlé à l'eau par un orifice particulier pratiqué à la partie supérieure et postérieure du cou; organes générateurs séparés sur des individus différens.

Coq. — Complète, spirale, operculée.

Operc. — Testacé ou corné.

FAMILLE PREMIÈRE.

PÉRISTOMIENS. LAM.

Les Sabots, FÉR,

Anim : — Allongé, corps demi-cylindrique; tortillon spiral; cou sans collier; deux tentacules contractiles, filiformes, subulés; yeux sessiles ou un peu pédonculés à leur base externe ou postérieure.

Coq. — Spirale, de forme variable; conoïde, oblongue ou turriculée; ouverture à bord continu ou un peu désuni.

Operc. — Corné, le plus souvent.

GENRE PREMIER.

PALUDINE, *Paludina.*

Lam. Blainv. *Cyclostoma*, Drap. *Nerita*, Müll. *Helix*, Lin.

Anim. — Tête proboscidiforme ou en trompe ; bouche sans dents ; deux tentacules cylindracés, subulés ; yeux un peu pédonculés à leur base externe ; pied ovale ; cavité branchiale s'ouvrant par un large orifice à la partie supérieure et postérieure du cou ; organes sexuels du côté droit, le mâle très-développé ; près du tentacule du même côté.

Coq. — Dextre, conoïde, à sommet mamelonné ; ouverture arrondie, ovale ; bords continus, tranchans ; péristome simple, non réfléchi.

Operc. — A développemens concentriques et circulaires.

Le genre *Paludine* est un démembrement du genre *Cyclostome*, qui ne repose sur aucun caractère marquant. Les saillies formées par les vaisseaux tapissant le plafond de la cavité respiratoire des *Cyclostomes*, offrent les rudimens des branchies composées de plusieurs rangées de lamelles pectiniformes chez les *Paludines*.

Les modifications offertes par la forme de l'ouverture et la disposition du péristome, ne peuvent être d'aucun secours. Il ne reste donc, que les habitudes diverses de ces animaux si semblables, dont une partie vit sur la terre, tandis que l'autre ne quitte jamais les eaux.

Les *Paludines* sortent vivantes du corps de leur mère ; elles restent attachées sur la coquille durant les premiers temps de leur existence. Il est digne de remarque que les femelles ont la coquille constamment plus renflée que celle des mâles. Cette disposition leur est commune avec les insectes.

5

1. Paludine impure.

Helix tentaculata. Lin., *Syst. Nat.*, 767.

Nerita jaculator. Müll., *Verm. Hist.*, n.° 372.

Cyclostoma impurum. Drap., *Hist. des Moll.*, pag. 36,
    pl. 1, fig. 19, 20.

Paludina impura. Lam., *Anim. S. Vert.*, tom. 6, 2ᵉ part.,
    pag. 175.

Gualt., *Test.*, t. 5, f. B.

Anim. — Noirâtre, avec le tortillon parsemé de
points d'un jaune luisant, que laisse facilement
apercevoir la demi-transparence de la coquille; tentacules longs, sétacés.

Coq. — Ovale-oblongue, conoïde, lisse; spire de
5 tours, légèrement convexes, le dernier plus grand
en proportion; suture peu profonde; sommet court,
un peu aigu; ouverture ovale, anguleuse supérieurement; péristome simple, droit; point de fente
ombilicale.

Solide, transparente, cornée, un peu jaunâtre.

Operc. — Cornée, mince, plane, avec des stries
circulaires.

Habite. — Les eaux tranquilles, C. C. C.; les
petites rivières, C.; le Canal du Midi. C. C. C.

Cette coquille est le plus souvent recouverte d'une couche de
limon, que le plus léger frottement fait disparaître : de là le nom
spécifique que lui a imposé Draparnaud.

La figure 32 de *Lister*, *Syn. Conch.*, t. 132, rapportée par
plusieurs auteurs à la *Paludine impure*, ne lui convient point.

2. Paludine diaphane.

Paludina diaphana. Mich., *Compl.*, pag. 97, pl. 15,
    fig. 50, 51.

Anim. — Inconnu.

Coq. — Allongée, presque cylindrique, sans stries apparentes; spire de 5 tours arrondis, croissant progressivement, le dernier à peine plus grand; suture peu profonde; sommet obtus; ouverture ovale, rétrécie supérieurement; péristome simple, tranchant; fente ombilicale très-étroite.
Lisse, luisante, jaunâtre.

Operc. — Inconnu.

Longueur, 1 ligne et demie. — Diamètre du dernier tour, demi-ligne.

Habite : — Venerque (Haute-Garonne), les alluvions de l'Ariége. R. R. R.

La phrase de M. Michaud, convient, de tout point, à notre coquille dont nous n'avons trouvé, jusqu'à présent, qu'un seul individu. La figure citée, du même auteur, la montre un peu plus ventrue, le sommet est aussi représenté un peu plus aigu.

GENRE II.

VALVÉE, *Valvata*.

Mull. Lam. Fer. *Valvata* et *cyclostoma*, Drap. *Turbo*, Poir. *Helix*, Gmel.

Anim. — Tête proboscidiforme ou en trompe; bouche sans dents; deux tentacules très-longs, cylindracés, obtus; yeux sessiles à la partie postérieure de leur base; pied court, ovale, bilobé antérieurement; cavité branchiale s'ouvrant par un large orifice à la partie supérieure et postérieure du cou, portant à droite, sur son bord inférieur un pseudo-tentacule;

branchies pectiniformes ou en plumet, plus ou moins
exsertiles; organes sexuels du côté droit, le mâle
logé dans la cavité respiratoire.

Coq. — Dextre, conoïde ou discoïde; sommet
mamelonné; ouverture ronde ou presque ronde; bords
continus ou peu désunis, tranchans; péristome simple
non réfléchi.

Operc. — Corné à développemens concentriques
et circulaires.

1 VALVÉE PISCINALE.

Nerita piscinalis. MULL., *Verm. Hist.*, n.° 358.
Helix fascicularis. GMEL., *Syst. Nat.*, 185.
Cyclostoma obtusum. DRAP., *Hist. des Moll.*, page 33 ,
    pl. 1, fig. 14.
Valvata piscinalis. LAM., *An. S. Vert.*, tom. 6, 2.° part.,
    page 172.

Anim. — Blanchâtre ; tentacules allongés ; un
paquet penniforme de branchies au côté droit du
cou.

Coq. — Dextre, courte, conoïde, très-finement
striée ; spire de 4 tours, croissant inégalement ,
le dernier très-grand; suture peu profonde; sommet
très-court, obtus; ouverture ronde; péristome continu,
simple; ombilic ouvert.
Solide, cornée, transparente.

Longueur, 3 lignes. — Diamètre, 3 lignes.

Operc. — Corné à développement spiral.

Habite : — Les eaux tranquilles dans tout le bassin,

C. C. C. ; Canal du Midi, à Toulouse, C.; réservoirs du Jardin-des-Plantes.

FAMILLE II.

NÉRITACÉES. Lam.

Hémicyclostomes. Blainv.

Anim. — Court, corps demi-cylindrique ; tortillon spiral ; deux tentacules contractiles, un peu pédonculés à leur base externe.

Coq. — De forme variable; ouverture à bords continus ou peu désunis, sans canal ni échancrure.

Operc. — Corné ou calcaire.

GENRE PREMIER.

NÉRITE, *Nérita.*

Lin. Mull. Brug. Drap. *Néritina*, Lam. Blainv. Fér.

Anim. — Tête un peu proboscidiforme ou en trompe; bouche sans dents ; langue denticulée ; tentacules allongés, déliés, coniques; yeux à leur base externe ; pied médiocre, arrondi ou ovale; une grande branchie pectiniforme; organes sexuels du côté droit, le mâle en avant du tentacule du même côté.

Coq. — Dextre, semi-globuleuse, à spire peu ou point saillante; ouverture ovale, rendue semi-lunaire par un appendice aplati, denté ou non denté, du bord columellaire; bord droit denté ou sans dents; péristome non réfléchi ; point d'ombilic.

Operc. — Calcaire, sub-spiral; le bord postérieur avec 1-2 petites saillies pour l'insertion des muscles.

1. Nérite fluviatile.

Nerita fluviatilis. Lin., *Syst. Nat.*, 723.
Id. Mull., *Verm. Hist.*, n.º 381.
Id. Drap., *Hist. des Moll.*, page 31, pl. 1, fig. 1 à 4.
Neritina fluviatilis. Lam., *An. S. Vert.*, tom. 6, 2.º part., page 188.
Gualt., *Test.*, t. 4, f. L. L. M. M.
List., *Conch.*, t. 141, f. 38. (*mal*).
D'Argenv., *Conch.*, t. 37, f. 3, 11, t. 8, f. 3.

Anim. — Grisâtre, noirâtre en dessus; tentacules longs.

Coq. —Ovale, semi-globuleuse, convexe en dessus; spire de 2 tours, le dernier très-grand, allongé; ouverture ovale; le bord libre de l'appendice, columellaire presque droit, avec une légère dépression au milieu.

Solide, opaque, verdâtre ou jaunâtre, jaspée de petites taches brunâtres ou rougeâtres, qui sont surtout apparentes après que la coquille a été roulée dans le sable des rivières.

Operc. — Semi-lunaire, avec des stries divergentes, du bord columellaire vers le bord latéral.

Longueur, 4 lignes. — Diamètre, 3 lignes.

Habite : — Toutes les rivières du bassin sous-pyrénéen. C. C. C.

La *Nérite* de la Garonne et de l'Ariége est d'un vert bleuâtre et constamment d'un tiers plus petite que celle qui habite le Touch, la Save, le Gers, le Girou, etc. Aucun caractère essentiel ne les sépare.

ORDRE DEUXIÈME.

BRANCHIFÈRES INOPERCULÉS. Nob.

Inférobranches, Cuv. Gastéropodes phyllidiens et semi-phyllidiens, Lam.

Anim. —Non spiral; pied grand; branchies lamel-liformes à la partie inférieure du corps, autour du corps, ou d'un côté seulement; organes générateurs réunis sur le même individu.

Coq. — Non spirale.

FAMILLE PREMIÈRE.

SEMI-PHYLLIDIENS. Lam.

Patelloïde et Subaphysiens, Blainv.

Anim. — Deux ou quatre tentacules; branchies d'un seul côté, le plus souvent à droite, très-rarement à gauche.

Coq. — De forme et de position variables.

GENRE PREMIER.

ANCYLE, *Ancylus.*

Géoffr. Mull. Drap. Lam. Blainv. Fér. *Patella*, Lin. Brug. Poir.

Anim. — Ovale, relevé en cône, un peu recourbé en arrière; pied grand et court; deux tentacules con-tractiles, coniques, tronqués; yeux placés à leur base interne; cavité branchiale au milieu du côté gauche; anus du même côté; organes générateurs réunis sur le même individu.

Coq. — Presque symétrique, en cône oblique; sommet excentrique, un peu recourbé en arrière; sans spire et sans columelle; bords de l'ouverture simples.

À l'exemple de M. Sander-Rang, nous plaçons ce genre dans la famille des *Semi-Phyllidiens*, dont il ne diffère que par ses branchies à gauche, les autres genres de ce groupe les ayant à droite. Mais, comme le même auteur le fait observer, ce caractère est de peu d'importance, l'animal paraissant sénestre, puisque l'anus s'ouvre également à gauche.

1. ANCYLE LACUSTRE.

Patella lacustris. Lin., *Syst. Nat.*, 769.
Ancylus lacustris. Mull., *Verm. Hist.*, n.º 385.
Idem. Drap., *Hist. des Moll.*, pag. 47, pl. 11, fig. 25
　　à 27.
D'Argenv., *Conch.*, t. 27, f. 1. (la 3.ᵐᵉ), t. 8, f. 1,
(*très-mal*).

Anim. — Grisâtre, moins foncé en dessous.

Coq. — Ovale-allongée, convexe en dessus; sommet peu élevé, peu aigu, recourbé en arrière; ouverture ovale-allongée, à bords tranchans.
Mince, comme cartilagineuse, transparente, blanchâtre ou cornée.

Longueur de l'ouverture, 3 lignes. —Largeur, 1 ligne
et demie.

Habite: — Les eaux douces. Dans le Canal du Midi, sur les feuilles des *potamots.* R.

2. ANCYLE FLUVIATILE.

Ancylus fluviatilis. Mull., *Verm. Hist.*, n.º 386.

Idem. DRAP., *Hist. des Moll.*, pag. 49 , pl. 11, fig. 23 , 24.

LIST., *Conch.*, t. 141, f. 39 (*mal*).

GUALT., *Test.*, t. 4 , f, A. A, B. B. (*mal*).

D'ARGENV., *Conch.*, 27, f. 1. (*celle qui est fortement ca- puchonnée. Figure détestable*).

Anim. — Noirâtre, plus foncé en dessous.

Coq. — Ovale-arrondie, très-convexe en dessus; sommet élevé, obtus, recourbé en arrière ; ouver- ture ovale-arrondie, à bords tranchans.

Mince, solide, transparente, blanchâtre.

Longueur de l'ouverture, 4 lignes. — Largeur, 3 lignes.

Elle offre souvent des dimensions moindres.

Habite : — Les eaux stagnantes et courantes, C. C. C.; dans tout le bassin sous-pyrénéen.

Elle s'attache, comme la précédente, aux corps durs submergés. Elle se meut très-lentement.

SECONDE CLASSE.

ACÉPHALES. CUV.

Anim. — Corps fixe ou libre; point de véritable pied abdominal ; point de tête distincte; point de ten- tacules; point d'yeux; bouche sans dents, cachée entre les replis du manteau, très-large, quelquefois avec une paire d'appendices de chaque côté; appareil res- piratoire branchial; sexes réunis sur le même individu.

Tous les Mollusques acéphales sont hermaphrodites; ils se fécondent eux-mêmes.

Coq. — Externe, bivalve, quelquefois avec des pièces accessoires; manque rarement.

PREMIÈRE DIVISION.

ACÉPHALES TESTACÉS. Cuv.

Sont tous munis d'une coquille.

ORDRE PREMIER.

LAMELLIBRANCHES DIMYAIRES. Blainv.

Anim. — Manteau bilobé, dont le nombre des ouvertures varie; bouche médiane, transversale dans le fond du manteau, avec une paire d'appendices de chaque côté; quatre branchies lamelliformes, demi-circulaires, deux de chaque côté du corps; pied très-grand; anus postérieur placé sur la ligne médiane.

Coq. — Bivalve; valves latérales articulées par une charnière et un ligament; deux impressions musculaires, plus ou moins profondes à l'intérieur de chaque valve.

FAMILLE PREMIÈRE.

SUBMYTILACÉS. Blainv.

Anim. — Manteau complétement ouvert inférieurement; au-dessous de l'anus, un tube incomplet pour la respiration, garni de papilles mobiles; pied très-grand, épais, comprimé.

Coq. — Régulière, équivalve, inéquilatérale; charnière variable; un ligament extérieur; deux impressions musculaires grandes, réunies par une impression palléale parallèle au bord de la coquille.

Les fluviatiles épidermées, nacrées à l'intérieur.

GENRE PREMIER.

ANODONTE , *Anodonta.*

Brug. Drap. Lam. Blainv. *Mytilus,* Lin.

Anim. — Manteau très-ouvert, ses bords simples ou frangés; orifice de l'anus ovalaire, distinct ; un tube court, garni de deux rangées de papilles tentaculaires pour la cavité respiratoire; branchies inégales sur un même côté; pied quadrangulaire, épais, comprimé.

Coq. — Plus ou moins ovale, mince, régulière, non baillante; sommet antérieur; charnière linéaire, sans dent, avec une lame longitudinale ; ligament extérieur, linéaire, très-allongé; impressions musculaires apparentes, écartées.

1. Anodonte cygne.

Mytilus cygneus. Lin., *Syst. Nat.*, 257.
Id. Mull., *Verm. Hist.*, n.° 394.
Anodonta cygnea. Drap., *Hist. des Moll.*, pag. 134, pl. 11, fig. 6, pl. 12, fig. 1.
List., *Conch.*, t. 156, f. 4.
Gualt., *Test*, t. 7, f. F.
D'Argenv., *Conch.*, t. 27, n.o 10, f. 5 à 7, t. 8, f. 12.
A. Jeune.
Mytilus anatinus. Lin., *Syst. Nat.*, 258.
Id. Mull., *Verm. Hist.*, n.° 393.
Anodonta anatina. Drap., *Hist. des Moll.*, pag. 133, pl. 12, fig. 2.

LIST., *Conch.*, t. 153, f. 8.

Anim. — Pâle ou un peu grisâtre.

Coq. — Mince, bombée, ovale-oblongue ; stries fortes, inégales ; extrémité antérieure arrondie, la postérieure plus ou moins anguleuse ; sommets obtus.

Verdâtre ou brunâtre, le plus souvent les deux nuances répandues par zones concentriques, inégales.

Taille variable, les plus grandes : longueur, 3 pouces, largeur 5 pouces.

Habite : — Toutes les petites rivières du bassin sous-pyrénéen, au fond de la vase, C. C. C. ; le Canal du Midi, C. C. C. ; les réservoirs du jardin du *Capitany*, à Montferrand (Gers), C.

Je crois que tout le monde s'accorde aujourd'hui à considérer comme une simple variété, non adulte, l'*Anodonte des canards ;* la marge de la partie libre de la coquille est membraneuse, comme l'indiquent les phrases de *Linné* et de *Muller ;* elle est, d'ailleurs, toujours d'une plus petite taille que l'*Anodonte des cygnes.*

GENRE II.

MULETTE, *Unio.*

BRUG. DRAP. LAM. BLAIN. FÉR. *Mya*, LIN.

Anim. — Ne diffère pas essentiellement de celui des *Anodontes.*

Coq. — Plus ou moins ovale, épaisse, auriculée ou non, régulière, inéquilatérale, quelquefois baillante ; sommets plus ou moins antérieurs ; charnière droite ou presque droite, articulée ; une lame longitudinale sous le ligament ; une double dent irrégulièrement crénelée sur la valve gauche, simple mais crénelée sur la valve droite; ligament allongé, linéaire extérieur; impressions musculaires très-apparentes, écartées.

1. Mulette des peintres.

Mya pictorum. Lin., *Syst. Nat.*, 28.
Id. Mull., *Verm., Hist.*, n.° 397.
Unio pictorum. Drap., *Hist. des Moll.*, pag. 131, pl. 11, fig. 1, 2 et 4.
List., *Conch.*, t. 147, f. 2 (*très-bien*).
A. Rostrée.
Unio rostrata. Mich., *Compl.*, pag. 108, pl. 16, fig. 25·
B. Jeune.
List., *Conch.*, t. 147, f. 3.

Anim. — Grisâtre.

Coq. — Peu épaisse, ovale-allongée; stries fortes, inégales; extrémité antérieure arrondie, la postérieure rétrécie; sommets proéminens, arrondis, légèrement excoriés, sur les coquilles adultes; dents cardinales comprimées.

Verdâtre ou brunâtre; souvent ces deux nuances sont disposées par zones concentriques, inégales.

Largeur, depuis 3 pouces jusqu'à 4.

Longueur, 1 pouce à 1 pouce et demi.

Habite : — Les rivières. L'Ariége, à Venerque; la Garonne, R. R. R.; l'Agout, à Lavaur; le Touch, la Save, la Gimone, le Gers. C. C. C.

Muller fait judicieusement observer que la coquille de la *Mulette des peintres* varie singulièrement par son épaisseur, sa convexité, ses couleurs, ainsi que par la position et la proportion de ses dents cardinales.

La variété *B* est à cette espèce ce que l'*Anodonte des canards* est à l'*Anodonte des cygnes ;* les bords libres , toujours un peu membraneux , indiquent que la coquille n'est pas adulte.

2 MULETTE LITTORALE.

Unio littoralis. Cuv., *Règn. anim.*, 2.
Id. DRAP. , *Hist. des Moll.*, page 133 , pl. 10, fig. 20.
A. Subtétragone.
Unio sub-tetragona. MICH. , *Compl.* , page 111, pl. 16 , fig. 23.
B. Sub-triangulaire.
Unio Draparnaldii. DESH. , *Descript. des coq. caract. des terr.* , page 38, pl. 14 , fig. 6.

Anim. — Grisâtre.

Coq. — Très-épaisse , ovale, à peine allongée , sub-tétragone; stries fortes, inégales; extrémité antérieure arrondie, la postérieure peu rétrécie; sommets proéminens , arrondis, toujours excoriés sur les individus adultes; dents cardinales épaisses , obtuses , fortement crénelées.

Noirâtre ou d'un brun très-foncé.

Largeur, 2 pouces 3 lignes. — Longueur, 2 pouces. — 2 pouces 6 lignes. — — 2 pouces 3 lignes.

Habite : — Avec la précédente; elle est aussi commune. La var. *A* , dans le Touch, entre Blagnac et Saint-Martin. C.

Le type de cette espèce a le bord inférieur arqué , sans sinuosité ; la figure citée de DRAP. est excellente. Cette coquille présente assez souvent le bord inférieur plus ou moins sinueux , comme Draparnaud l'avait observé , c'est alors notre var. *A,* la *Mulette subtétragone.* MICH. Quant à la var. *B,* elle ne peut pas être séparée de la *Mulette littorale.* M. Michaud dit que M. Deshayes convient de l'exactitude de ce rapprochement.

La variété à bord inférieur sinué, est souvent d'une assez forte
taille, pour offrir quelque ressemblance avec *l'Unio margaritifera.*
DRAP. pl. 10, fig. 17, 18 (8, 16 par erreur). Je pense que cette
espèce a été souvent prise pour la véritable *Mulette margaritifère*,
commune dans le nord de la France, où elle atteint une forte taille.
Je ne crois pas que cette espèce se trouve dans nos rivières. M. N.
Boubée l'annonce néanmoins (dans son *Bulletin*), dans la Garonne, à
Agen et dans le Tarn, à Montauban.

FAMILLE II.

CONCHACÉES.

BLAINV. Les Cyclades, CUV. Les Conques fluviatiles, LAM.

Anim. — Manteau fermé, laissant passer le pied
à travers une ouverture particulière; deux tubes pos-
térieurs, extensibles, réunis ou séparés, l'inférieur
servant à la respiration, le supérieur aux déjections
excrémentitielles.

Coq. — Épidermée ou sans épiderme, équivalve,
le plus souvent équilatérale et fermée; charnière
communément engrenée; ligament extérieur ou intérieur; impressions musculaires distinctes, réunies
par une impression palléale, excavée postérieurement.

GENRE PREMIER.

CYCLADE, *Cyclas.*

BRUG. DRAP. LAM. BLAINV. FÉR., *Tellina*, LIN. MULL.

Anim. — Ovale, épais; manteau à bords simples,
muni de tubes allongés, réunis; pied large, comprimé à sa base, terminé par un appendice (jambe
et pied. DRAP.).

Coq. — Épidermée, ovale ou sub-orbiculaire, régu-

lière inéquilatérale ; non brillante ; sommets tour-
nés en avant ; charnière demi-lunaire ; des dents
cardinales plus ou mois prononcées , en nombre
variable ; deux dents latérales, allongées, lamelliformes ; ligament extérieur , postérieur et bombé ;
deux impressions musculaires réunies par une impression palléale, non excavée postérieurement.

1. Cyclade caliculée.

Cyclas caliculata. Drap., *Hist. des Moll.*, page 130,
  pl. 10 , fig. 13 , 14. (14, 15, *par erreur.*)

Anim. — Grisâtre.

Coq. — Mince , un peu ovale , légèrement comprimée , sub-inéquilatérale, très-finement striée ; sommets proéminens, terminés par une sorte de tubercule
arrondi ; bord inférieur (les valves étant rapprochées)
tranchant ; dents cardinales et latérales très-petites.
  Transparente , blanchâtre, avec plusieurs zones
d'un jaune fauve.

Largeur, 4 lignes. — Longueur, 5 lignes. —Épaisseur,
  2 lignes et demie.

Habite : — Le Canal du Midi, C. C. C.; le Touch,
la Gimone, le Gers. C.

2. Cyclade riverine.

Tellina rivalis. Mull., *Verm. Hist.*, n.° 387.
Cyclas rivalis. Drap., *Hist. des Moll.*, page 129 , pl. 10,
  fig. 4 , 5.
Gualt., *Test.*, t. 7 , f. B.

Anim. — Pâle un peu grisâtre.

Coq. — Assez épaisse , ovale-arrondie , très-finement striée ; sub-inéquilatérale ; sommets très-obtus ,

vague ; bord inférieur (les valves étant rapprochées)
arrondi, obtus ; dents cardinales petites, les latérales
saillantes, comprimées, aiguës.

Opaque, d'un jaune fauve à l'extérieur, avec des
lignes concentriques d'un jaune plus pâle, une bande
marginale de la même couleur.

Longueur, 4 lignes. — Largeur, 5 lignes. — Épais-
     seur, 3 lignes et demie.

Habite : — Avec la précédente. C. C. C.

3. CYCLADE DES MARAIS.

Tellina amnica. MULL., *Verm. Hist.*, n.° 389.
Cyclas palustris. DRAP., *Hist. des Moll.*, page 131, pl. 10,
    fig. 15, 16. (17, 18 *par erreur.*)

Anim. — Grisâtre.

Coq. — Mince, ovale, légèrement comprimée, inéquilatérale, visiblement striée; sommets obtus, vagues;
bord inférieur (les valves étant rapprochées) un peu
aigu ; dents très-petites.

Transparente, d'un jaune corné, avec une bande
brunâtre près du bord inférieur.

Longueur, 2 lignes et demie. — Largeur, 3 lignes et
    demie. — Épaisseur, un peu moins de 2 lignes.

Habite : — Le Canal du Midi C. C. C. ; le Touch,
près Toulouse. R.

DICTIONNAIRE

DES TERMES SCIENTIFIQUES

EMPLOYÉS DANS CET OUVRAGE.

A.

ACÉPHALE. Sans tête. Classe de Mollusques comprenant tous ceux qui n'ont pas réellement de tête et dont la bouche est cachée sous le manteau.

ANTÉRO-DORSAL. Sommet des coquilles bivalves placé un peu antérieurement, et près du bord supérieur ou *dorsal.*

ANUS. Orifice terminant le canal intestinal, avoisinant constamment la cavité respiratoire.

B.

BAILLANTE. Coq. bivalve dont les bords inférieurs laissent, dans leur plus grand rapprochement, un écartement sensible.

BASE. Extrémité de la coquille opposée au sommet. (Voy. ce mot.)

BIVALVE. Coq. composée des deux *valves*, semblables entr'elles chez nos Acéphales.

On distingue dans toute coquille bivalve : un bord supérieur ou *dorsal*, qui répond à la portion articulaire des valves et un bord inférieur ou *ventral* ; une extrémité antérieure et une postérieure. Dans les coquilles à valves *inéquilatérales*, l'extrémité postérieure est plus allongée. C'est, d'ailleurs, toujours à celle-ci que répond le pied de l'animal.

BORD. Dans les coq. univalves on nomme ainsi les parties latérales de l'ouverture, que l'on distingue en *bord columellaire* voisin de l'axe de la coq. et en bord *latéral*, qui est opposé au premier.

Bords de la coq. bivalve. (Voy. ce mot).

BOUCHE. Elle est placée à la partie antérieure de la tête, chez les Gastéropodes. Elle est tantôt simple, munie alors de trois lèvres, dont une supérieure et deux latérales, se réunissant inférieurement, et d'une pièce cornée (*dent*) sous la lèvre supérieure ; tantôt *probosciliforme* ou prolongée en trompe et sans dents.

Chez les *Acéphales*, la bouche est une ouverture du manteau simple ou prolongée en tube.

BOURRELET. Ligne saillante, plus ou moins large, placée à l'intérieur du péristome.

La présence du bourrelet ne désigne pas toujours sûrement l'âge adulte des coquilles qui en sont pourvues.

BRANCHIES. Organes particuliers destinés à enlever à l'eau la petite quantité d'air qu'elle contient pour remplir l'acte de la respiration.

Chez les *Acéphales* ce sont des lames semi-lunaires, composées principalement de petits vaisseaux très-abondans, placées deux de chaque côté, au-dessous du manteau.

Chez les *Gastéropodes*, on nomme ainsi les petites lames, quelquefois exsertiles, qui tapissent le plafond de la cavité respiratoire.

C.

CARDINALES. *Dents* placées vis-à-vis le point des sommets (Brug.)

CARÈNE. Angle plus ou moins saillant sur la convexité du dernier tour de la spire.

Arête longitudinale que l'on voit sur le dos de quelques *Limaces*.

CARÉNÉ. Qui est muni d'une carène.

CHARNIÈRE. Partie articulaire du bord supérieur des coquilles bivalves : elle est dentée ou sans dents.

COLLIER. Repli du manteau entourant le cou des *Gastréropodes* à sa naissance.

COLUMELLE. Axe réel ou fictif autour duquel sont rangés les tours de spire qui composent la coquille univalve.

CONTINU. Péristome dont les bords sont réunis.

CONTRACTILES. Tentacules que l'animal peut raccourcir sans, néanmoins, les faire rentrer dans l'intérieur du corps.

COQUILLE. Corps protecteur, solide, de nature calcaire, reconvrant en tout ou en partie le corps des Mollusques qui en sont munis.

CORPS. Toute la partie de l'animal distincte du pied et de la tête. Le corps est droit dans les *Limacéens* ; il est ordinairement terminé en spirale. Cette partie qui contient la plupart des organes de la digestion, etc., se nomme *tortillon*.

Le corps des Acéphales est cette partie ovale, aplatie, cachée sous le manteau.

D.

DARD. Organe allongé, grêle, caduque après l'accouplement. On lui attribue, pour fonction, d'exciter, chez les Mollusques qui en sont munis, l'orgasme vénérien.

DENTS. Éminences plus ou moins prononcées, placées quelquefois à l'intérieur du péristome, sur l'ouverture de la coquille univalve.

On nomme aussi *dents* les saillies, de forme variable, situées à l'intérieur de la charnière des coquilles bivalves.

La petite pièce cornée placée sous la lèvre inférieure de quelques *Gastéropodes* a reçu le nom de *dent*.

DEXTRE. Qui est dirigé à droite ; se dit de l'ouverture des coquilles univalves, et des orifices pulmonaires, de l'anus et des organes générateurs, et partant de l'animal et de la coquille suivant la direction de ces organes.

DIAMÈTRE. Mesure transversale de la partie la plus renflée de la coquille ; c'est ordinairement la dimension du dernier tour.

DISCOIDE. Coq. dont la spire est roulée sur un plan orizontal ; se dit aussi du *tortillon*.

DISJOINT. Péristome dont les deux bords sont séparés par la convexité de l'avant-dernier tour.

DOS. Partie supérieure et convexe du corps des *Limacéens*.

E.

ÉPAISSEUR. Distance entre le point les plus renflés d'une valve (*ventre*) au même point de la valve opposée.

ÉPIDERME. Pellicule mince, recouvrant extérieurement la coquille, qui, dans ce cas, est dite *épidermée*.

ÉPIPHRAGME. Cloisons plus ou moins minces, transparentes ou opaques, dont les *Gastéropodes inoperculés* se servent pour fermer leur coquille, en hiver, afin de se mettre, par ce moyen, à l'abri du contact de l'air extérieur.

ÉQUILATÉRALE. Valve dont les deux moitiés antérieure et postérieure sont symétriques.

ÉQUIVALVES. Coq. dont les deux valves sont semblables.

ÉVASÉ. Légèrement élargi en entonnoir; se dit du *péristome*.

EXTRÉMITÉ. Partie antérieure et postérieure de la coquille bivalves, et des valves séparément.

F.

FASCIÉE. Coq. présentant à leur surface des bandes continues ou interrompues, plus ou moins larges, d'une autre couleur que celle du fonds.

FENTE. Ombilic peu évasé, non arrondi.

G.

GASTÉROPODES. Mollusques qui rampent à l'aide d'un disque charnu inférieur au ventre.

GLOBULEUSE. Coq. qui approche de la forme sphérique; elle tient le milieu entre la forme allongée et la forme aplatie.

H.

HAUTEUR. Longueur de la coquille univalve qui comprend la distance depuis le sommet de la spire jusqu'à la base.

La longueur de la coquille bivalve se tire de la distance du bord dorsal au bord ventral. (C'est la largeur d'après Muller).

I.

IMPERFORÉE. Coq. sans ombilic et sans fente ombilicale.

IMPRESSION. Enfoncement superficiel ou profond à l'intérieur des coq. bivalves : il y en a un répondant à chaque point d'attache des muscles de l'animal. Celles-ci sont les *impressions musculaires*. On nomme impression *palléale* la trace de l'adhérence des bords du manteau avec les valves ; elle est à peu près parallèle au bord inférieur de la coquille, et réunit l'impression musculaire antérieure à la postérieure.

INÉQUILATÉRALE. Valve dont les deux moitiés antérieure et postérieure ne sont point symétriques.

INOPERCULÉ. Qui manque d'*opercule*.

L.

LARGEUR. Distance de l'extrémité antérieure de la coquille bivalve à l'extrémité postérieure.

LIBRE. Mollusque non adhérent, qui, par conséquent, peut se déplacer.

LIGAMENT. Substance élastique, intermédiaire, qui unit les deux pièces des coquilles bivalves.

LONGUEUR. (Voy. *Hauteur*).

M.

MANTEAU. Expansion dermoïde recouvrant le corps des *Acéphales* et la face interne des valves de leur coquille.

Le manteau présente, 1.° une grande fente dans le sens de l'écartement des valves; 2.° une ouverture pour l'anus; 3.° une autre pour la bouche : quelquefois ces deux orifices sont prolongés en tubes (*les Cyclades*); dans d'autres cas, il n'en existe qu'un seul (*Mulettes, Anodontes*).

Le manteau des *Gastéropodes* recouvre toute la portion du corps qui se montre à l'extérieur de la coquille, lorsqu'ils en sont pourvus, à l'exception du dessous du pied : il forme fréquemment un repli à la base du cou (*collier*).

Le manteau est l'organe sécréteur de la coquille.

MOLLUSQUES. Animaux molasses, sans vertèbres, sans articulations, que l'on a long-temps confondus avec les *Vers*.

Cuvier les a divisés en six ordres. Les *Mollusques* terrestres et fluviatiles rentrent tous dans deux de ces ordres : les *Gastéropodes* et les *Acéphales*.

O.

OEIL. Yeux. Appareil de la vision, toujours double et symétri-

que. Les yeux se présentent sous la forme de petits points
arrondis, noirs ou noirâtres, sessiles ou pédicellés, portés souvent à l'extrémité des *tentacules* supérieurs.

Ces organes manquent aux *Acéphales*.

OMBILIC. Cavité plus ou moins évasée autour de laquelle tourne
la spire.

OPERCULE. Pièce testacée ou cornée, portée à la partie postérieure et supérieure du pied, et destinée à fermer, dans
quelques cas, la coquille univalve.

L'opercule est articulé avec la columelle dans les *Nérites*.

OUVERTURE. Partie de la coquille qui sert à l'animal à faire
sortir et rentrer les parties exsertiles de son corps.

P.

PALLÉALE. (*Voy. impression*).

PERFORÉE. Coq. dont l'ombilic est très-peu évasé.

PÉRISTOME. Marge de l'ouverture de la coquille univalve.

PIED. Organe de la locomotion. Le pied est composé d'une
infinité de fibres musculaires, longitudinales, parallèles
entr'elles.

Dans les *Gastéropodes*, le pied, toujours plus long que large,
est placé au-dessous du ventre avec lequel il est tantôt uni
dans toute sa longueur, tantôt distinct sur une grande partie
de son étendue.

La rapidité de la reptation est en rapport avec l'étendue
de cette partie. Ordinairement le pied porte sur le sol dans
toute l'étendue de sa face inférieure. Il en est autrement
chez les *Cyclostomes* où les deux extrémités du pied servent
alternativement de point d'appui, et qui présentent une
marche analogue à celle de quelques chenilles (*les Arpen-
teuses*).

Le pied des *Acéphales* est cet organe linguiforme et contrac-
tile, placé au-dessous du corps que l'animal fait sortir hors de
la coquille et rentrer à volonté, et à l'aide duquel il dirige ses
mouvemens.

PLIS. Saillies longitudinales ou obliques, placées à la partie intérieure du péristome de l'ouverture des coquilles univalves.

POILS. Productions de l'épiderme, droites ou crochues à leur sommet, qui simulent assez bien des poils.

PROBOSCIDIFORME. Prolongé en trompe ; telle est la bouche des Cyclostomes, etc.

R.

REPRODUCTEURS. Organes servant à remplir les fonctions génératrices.

RÉFLÉCHI. Replié en dehors ; se dit du *péristome.*

RÉTRACTILES. Tentacules que l'animal retire entièrement dans l'intérieur du cou, en les faisant rentrer, l'extrémité libre la première, qui se retourne en dedans.

S.

SÉNESTRE. Dirigé à gauche. (Voy. *dextre.*)

SIMPLE. Péristome non réfléchi et sans bourrelet intérieur.

SOMMET. Extrémité supérieure et terminale de la coquille univalve.

Les sommets (*nates.* Lin.) des bivalves sont formés par les premiers développemens des valves ; ils restent toujours saillans, et forment le point de départ des stries, qui indiquent les couches dont la coquille est composée. Les sommets sont rapprochés du bord supérieur, à la partie médiane, ou un peu plus près de l'extrémité antérieure.

SPIRAL. Qui est contourné en spirale.

SPIRE. Ensemble des tours de spirale que présente la coq. univalve, depuis le sommet jusqu'à la base.

STRIES. Petites lignes creuses ou en relief placées sur la face externe de la coquille.

STRIÉ. Qui offre des stries.

T.

TENTACULES. Appendices pairs, deux ou quatre, rétractiles ou contractiles, placés à la partie antérieure de la tête des *Mollusques gastéropodes.*

On pense généralement que ces organes peuvent manquer quel-

quefois : de là la dénomination d'*acères* que l'on a donée aux mollusques qui en sont dépourvus.

Lorsqu'il y a quatre tentacules , les deux supérieurs qui sont
les plus longs , portent les yeux à leur sommet qui est renflé.

Lorsqu'il n'y en a qu'une paire, les yeux sessiles , ou légèrement pédonculés , sont placés à leur base.

TÊTE. N'est pas distincte chez tous les Mollusques (*les Acéphales*).
Lorsqu'elle existe , c'est la partie de l'animal qui termine antérieurement le corps. Elle porte la bouche , les tentacules et les
yeux.

TORTILLON. Il partage la forme de la coquille. (Voy. *corps*).

TOURS. On compte les tours du sommet vers la base de la coquille.
(Voy. *spire*).

TRONCATURE. Petite échancrure à la base de la columelle sur
quelque coquilles.

U.

UNIVALVE. Coq. composée d'une seule valve. Coq.

Pour étudier une coquille univalve , on la place la base en bas ,
le sommet en haut et l'ouverture tournée en face de l'observateur.

V.

VALVE. Pièce dont la coquille est composée. De là les dénomi-
nations de coq. *univalve* et *bivalve*, suivant qu'elle est formée
d'une ou de deux pièces.

LISTE DES AUTEURS CITÉS

ET DE LEURS OUVRAGES.

ARGENV. D'Argenville, l'Histoire naturelle éclairée dans deux de ses principales parties , la Lithologie et la Conchyliologie, et augmentée de la Zoomorphose. Par M. ***.

Paris , 1742, 1757. 1 vol. in-4.º.

BORN. Born , Testacea musæi Cæsarei Vindobonensis.

Vienne , 1780. 1 vol. in-fol.

BRARD. Brard , Histoire des coquilles terrestres et fluviatiles qui vivent aux environs de Paris.

Paris , 1 vol. in-12.

BRUG. Bruguière , Vers testacés. Encyclopédie par ordre de matières.

Paris , 1789. 2 vol. in-4.º.

CUV. Cuvier , Règne animal.

Paris , 1817. 3 vol. in-8.º.

DRAP. Draparnaud , Histoire naturelle des Mollusques terrestres et fluviatiles de la France.

Paris , 1805. 1 vol. in-4.º.

Cet ouvrage avait été précédé du Tableau des Mollusques. Broch. in-8.º.

GMEL. Gmelin , Cœroli Linnei Systema naturæ.

Lyon , 1796. 10 vol. in-8.º

GUALT. Gualtieri , Index testarum conchyliorum.

Florence , 1742. 1 vol. in-fol.

LAM. Lamarck , Histoire des animaux sans vertèbres , présentant les caractères généraux et particuliers de ces animaux , etc.

Le 5.ᵉ et 6.ᵉ tom. , comprenant les Mollusques.

LIN. Linné, Caroli à Linnei Systema naturæ.

Lyon, 1735. 1 vol. in-fol.

LIST. Lister, Martini Listeri, M. D., historiæ sive synopsis methodicæ conchyliorum et tabulorum anatomicarum editio altera.

Oxonii, 1770. 1 vol. in-fol.

La première édition de ce bel ouvrage fut publiée à Londres de 1685 à 1692.

MICH. Michaud, Complément de l'histoire naturelle des Mollusques terrestres et fluviatiles de Draparnaud.

Verdun, 1831. 1 vol. in-4.º.

MULL. Muller, Vermium terrestrium et fluviatilium, etc., succincta Historia.

Lipsiæ, 1773. 1 vol. in-4.º.

POIR. Poiret, Coquilles fluviatiles et terrestres, observées dans le département de l'Aisne, et aux environs de Paris.

Paris, an IX. Broch. in-12.

RANG. Sander-Rang, Manuel de l'histoire naturelle des Mollusques et de leurs coquilles.

Paris, 1829. 1 vol. in-12.

SEB. Seba, A Seba locuplitissimi rerum naturalium thesauri accurata descriptio.

Amstelodamii, 1758. 4 vol. in-fol.

EXPLICATION DES ABRÉVIATIONS.

Anim. Animal.
Coq. Coquille.
Operc. Opercule.

C. Commun.
C. C. Fort commun.
C. C. C. Très-commun.
R. Rare, etc.

TABLE DES MATIÈRES.

FIN.

LIBRAIRIE DE J.-B. PAYA,

Sous presse,

POUR PARAITRE EN AVRIL 1834.

FLORE

DU

BASSIN SOUS-PYRÉNÉEN.

OU,

DESCRIPTIONS DE TOUTES LES PLANTES QUI CROISSENT DANS LES DÉPARTE-
MENS DE LA HAUTE-GARONNE, DU GERS, DE LOT-ET-GARONNE, DU
LOT, DE TARN-ET-GARONNE, DE L'AUDE ET DE L'ARIÉGE.

PAR M. J.-B. NOULET,

UN VOL. IN-8.°

PRIX : 7 FR. 50 CENT.